Unity+EasyAR 增强现实开发实践

喻春阳　马　新　编著

电子工业出版社

Publishing House of Electronics Industry

北京·BEIJING

内 容 简 介

本书带领读者一步一步地设计和实现一款介绍太阳系中太阳及八大行星的科普知识的增强现实（AR）应用。本书以最新版本的 Unity 2021 引擎和 EasyAR 4.5 引擎为开发工具，使用的资源全部是 Unity 官方商城中的免费资源。

本书共有 5 章。其中，第 1 章是绪论，介绍了什么是 AR 技术、AR 技术的关键技术、AR 技术的应用领域。第 2 章详细介绍了 AR 开发环境的搭建工作，包括安装 Unity 引擎、搭建 EasyAR 环境、搭建 Visual Studio 环境。第 3 章详细介绍如何使用 Unity 和 EasyAR 制作一个简单的 AR 应用。第 4 章设计和实现了一款介绍太阳系中太阳和八大行星的科普知识的 AR 应用。第 5 章在第 4 章的基础上增加了更多的内容，包括相关星球科普知识的中英文语音播放以及对应的中英文字幕的显示等。

本书适合基于 Unity 引擎的 AR 开发初学者阅读，也适合作为本科院校和高职、高专院校增强现实相关课程的教材。

图书在版编目（CIP）数据

Unity+EasyAR 增强现实开发实践 / 喻春阳，马新编著. —北京：电子工业出版社，2023.2

ISBN 978-7-121-44983-3

Ⅰ. ①U… Ⅱ. ①喻… ②马… Ⅲ. ①游戏程序－程序设计－高等学校－教材 Ⅳ. ①TP317.6

中国国家版本馆 CIP 数据核字（2023）第 017564 号

责任编辑：刘　瑀　　　　特约编辑：田学清

印　　刷：天津图文方嘉印刷有限公司

装　　订：天津图文方嘉印刷有限公司

出版发行：电子工业出版社

　　　　　北京市海淀区万寿路 173 信箱　　　　邮编：100036

开　　本：787×1092　　1/16　　印张：13.75　　字数：352 千字

版　　次：2023 年 2 月第 1 版

印　　次：2023 年 7 月第 2 次印刷

定　　价：79.00 元

前言

随着 AR 技术的成熟，AR 越来越多地应用于各行各业。同时，随着智能手机性能的提升和 AR 应用开发工具链的成熟，自己动手开发 AR 应用已经成为很流行的事情。

本书的特点如下。

（1）实践性强。本书选择目前非常流行的 Unity 游戏引擎作为开发工具，EasyAR 引擎作为辅助工具，以太阳系中的太阳和八大行星为科普对象，带领读者一步一步地设计和实现一款 AR 应用。

（2）趣味性强。本书设计和实现的 AR 应用可以扫描不同星球的图片并显示对应星球的 3D 模型，显示星球的名字，播放星球名字的语音，并且具备中英文的切换功能；具有交互功能，点击星球模型会显示知识小百科窗口，窗口中显示的是对应星球的相关信息，并具备中英文的切换功能。此外，此 AR 应用还具有科普知识语音播放和字幕同步显示的功能，语音及字幕都能够进行中英文的切换。

（3）图文并茂，步骤详尽。本书对设计和实现 AR 应用的步骤进行了十分详尽的介绍，从使用的软件的下载、安装，到开发过程中的每一步操作及运行结果，都给出了对应的图示，手把手地教读者实现 AR 应用的开发。

（4）资源丰富。本书配套 PPT、源代码、案例素材，读者可以登录华信教育资源网（www.hxedu.com.cn）免费下载。

鉴于近年来增强现实应用开发技术的快速发展，以及作者自身水平的限制，本书难免存在疏漏和不足之处，敬请读者提出宝贵的意见和建议。

作者

目录

第1章

绪论

增强现实（Augmented Reality，AR）技术是一种将真实世界与虚拟信息巧妙融合的技术。该技术运用多媒体、三维数字建模、实时跟踪及注册、智能交互及传感等多种技术手段，将计算机或智能移动设备（如智能手机、平板计算机、AR眼镜等）生成的文字、图像、三维模型、音乐、视频等虚拟信息模拟仿真后，应用到真实世界中，使真实世界的信息和虚拟信息相互补充，从而实现对真实世界的"增强"。

1.1 概述

AR技术也被称为扩增现实技术，是促使真实世界和虚拟信息融合的技术。AR技术将原本在现实世界中难以体验的实体信息，在计算机等科学技术的基础上，进行模拟仿真处理和叠加，使虚拟信息在真实世界中有效应用，并且能够被人类的感官感知，从而实现超越现实的感官体验。真实环境和虚拟物体重叠之后，能够在一个画面及空间中同时存在。

AR技术不仅可以有效体现真实世界的信息，还可以促使虚拟的信息显示出来，使两种信息相互补充和叠加。在视觉化的增强现实中，用户需要使用头盔显示器来促使真实世界和计算机图形的重合，在重合之后，用户可以看到真实的世界围绕着计算机图形。AR技术主要运用了多媒体、三维建模及场景融合等技术和手段，增强现实提供的信息和人类能够感知的信息之间存在明显的不同。

1.2 关键技术

1.2.1 跟踪注册技术

实现虚拟信息和真实环境的无缝叠加要求虚拟信息与真实环境在三维空间位置中进行注册配准，包括使用者的空间定位跟踪和虚拟物体在真实环境中的定位两方面的内容。移动设备的摄像头与虚拟信息的位置需要对应，这就需要通过跟踪注册技术来实现。跟踪注册技术先检测需要"增强"的物体的特征点及轮廓，再跟踪物体的特征点自动生成二维或三维坐标信息。跟踪注册技术的好坏直接决定增强现实系统的成功与否，常用的跟踪注册方法有基于跟踪器的注册、基于机器视觉的跟踪注册、基于无线网络的混合跟踪注册 3 种。

1.2.2　显示技术

AR 技术的显示系统是比较重要的内容，为了得到较为真实的与虚拟结合的系统，提升实际应用的便利程度，使用色彩较为丰富的显示器是显示系统的基础。在这一基础上，显示器可以分为头盔显示设备和非头盔显示设备。其中，透视式头盔能够为用户提供相关的逆序融合在一起的情境。光学透视头盔可以利用半透半反光学合成器，使虚拟信息和真实环境充分融合，真实环境可以在半透镜的基础上，为用户提供支持，并且满足用户相关操作的需要。

1.2.3　虚拟物体生成技术

AR 技术在应用的时候，其目标是使虚拟世界的相关内容在真实世界中叠加，应用算法程序，促使物体动感操作有效实现。虚拟物体的生成是在三维建模技术的基础上实现的，因此具有很强的真实感，在研发增强现实动感模型的过程中，需要全方位、集体化地展示物体对象。在虚拟物体生成的过程中，自然交互是比较重要的技术，在具体实施的时候，可以有效辅助虚拟物体的生成，使信息注册更好地实现，利用图像标记实时监控外部输入信息内容，提高增强现实信息的操作效率，并且用户在处理信息的时候，可以有效实现信息的加工，提取其中有用的信息。

1.2.4　交互技术

增强现实是虚拟物体在现实中的呈现，而交互技术可以帮助虚拟物体在现实中更好地呈现。因此，想要得到更好的 AR 体验，交互技术是重中之重。

AR 设备的交互方式主要分为以下 3 种。

（1）选取现实世界中的点位进行交互是最常见的一种交互方式，例如 AR 贺卡和毕业相册就是通过图片的位置进行交互的。

（2）对空间中的一个或多个事物的特定姿势或状态进行判断，这些姿势或状态对应不同的选项，使用者可以任意改变选项进行交互，比如使用不同的手势表示不同的指令。

（3）使用特制工具进行交互。比如谷歌地球，它利用类似于鼠标的设备进行一系列的操作，从而满足用户对 AR 互动的要求。

1.2.5　合并技术

增强现实的目标是将虚拟信息与输入的现实场景无缝融合。增强 AR 使用者的现实体验要求

AR 具有很强的真实感，达到这个目标不仅需要考虑虚拟物体的定位，虚拟物体与真实物体之间的遮挡关系，还需要具备 4 个条件：几何一致、模型真实、光照一致和色调一致，这 4 个条件缺一不可，缺少任何一个条件都会使 AR 效果不稳定，从而严重影响 AR 使用者的体验感。

1.3　应用领域

随着 AR 技术的成熟，AR 越来越多地应用于各行各业，如教育、维护修理、健康医疗、旅游等。

1.3.1　教育

书籍是最传统的知识载体，受版面大小的限制，每一页纸承载的信息量十分有限。随着 AR 技术的成熟及在教育领域中的应用，AR 技术可以将声音、文字、图像、动画等更多的知识通过一页纸呈现出来，将知识的表现形式从原本的平面文字或绘画变成了三维立体的形式，这对学生或读者更好地掌握知识提供了巨大的帮助。例如，对低龄儿童来说，文字描述过于抽象，而 AR 书籍使用文字结合动态立体影像的形式，会让孩子快速掌握新的知识，且丰富的交互方式更符合孩子们活泼好动的特性，提高了孩子们的学习积极性。AR 恐龙科普图书如图 1.1 所示。

图 1.1　AR 恐龙科普图书

1.3.2　维护修理

随着 AR 技术的发展和成熟，AR 技术在维护修理领域也大显身手。传统的维护修理大多采用老师演示和讲授，学生学习的方式，而学生在学习一些需要实际操作的知识时，会存在很多问题。比如设备数量有限，无法满足多人同时使用。而引入 AR 技术，就使上面描述的问题迎刃而解。使用 AR 技术维护修理如图 1.2 所示。

图 1.2　使用 AR 技术维护修理

1.3.3　健康医疗

近年来，AR 技术越来越多地被应用于医学教育、病患分析及临床治疗。例如，微创手术越来越多地借助 AR 及 VR 技术来减轻病人的痛苦，降低手术成本及风险。此外在医疗教学中，AR 与 VR 技术的应用使深奥难懂的医学理论变得形象立体、浅显易懂，大大提高了教学效率和质量。AR 技术在健康医疗方面的应用如图 1.3 所示。

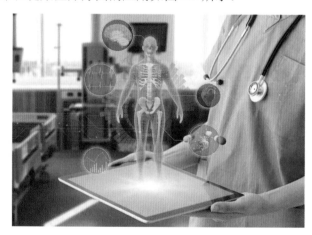

图 1.3　AR 技术在健康医疗方面的应用

1.3.4　旅游

对多数人而言，旅游或是为了游览美景，或是为了寻找历史，或是为了拍照分享，而 AR 技术刚好能满足游客所有的需求。比如游客去圆明园参观，只能看到废墟遗址，但通过 AR 可以看到复原的场景；游客去故宫参观，只会看到大大小小的建筑物，但通过 AR 可以实时听到每个房间故事的讲解，每个门匾意义的讲解。AR 导游带着游客游览并进行讲解，游客会有一种身临其境的感受，如图 1.4 所示。

图 1.4 AR 导游

综上所述，随着 AR 技术的发展，AR 应用将更加深入地融入人们的工作、学习和生活之中，为人们提供更多的帮助和服务。

第2章

AR 开发环境的搭建

本章将带领读者搭建 AR 应用的开发环境。AR 应用的开发环境有很多种，本书使用的是 Unity 引擎和 EasyAR 引擎相结合的开发环境。

2.1 安装 Unity 引擎

Unity 引擎是一款功能强大的开发工具，可以帮助读者很方便地开发 AR 应用。该引擎的更新速度很快，平均 2 周就会有小的版本更新。在撰写本书的时候，该引擎最新的版本是 Unity 2021.3.f1(LTS)版本，其中 LTS 是"长期稳定支持"的意思。

2.1.1 注册 Unity 账号

在使用 Unity 引擎进行应用开发之前，我们需要去 Unity 的官方网站注册一个开发者账号。请打开浏览器，访问 Unity 中国官网。Unity 中国官网的首页如图 2.1 所示。

图 2.1　Unity 中国官网首页

　　为了提高中国大陆地区的访问速度，Unity 官方专门搭建了方便大陆地区开发者快速访问的中文网站，该网站的内容是 Unity 官方网站内容的镜像，为中国的开发者开放了包括引擎下载和开发者注册的功能，所以访问 Unity 中国官网就能完成开发者账号的注册。

　　在 Unity 中国官网首页，单击右上角的图标，在弹出的下拉列表中选择"创建 Unity ID"选项，如图 2.2 所示。

图 2.2　选择"创建 Unity ID"选项

　　浏览器页面将弹出"创建 Unity ID"窗口，如图 2.3 所示。

图 2.3　"创建 Unity ID"窗口

在窗口中填写自己的信息，填写完成后，单击"创建 Unity ID"按钮，弹出"激活邮件"窗口，如图 2.4 所示。

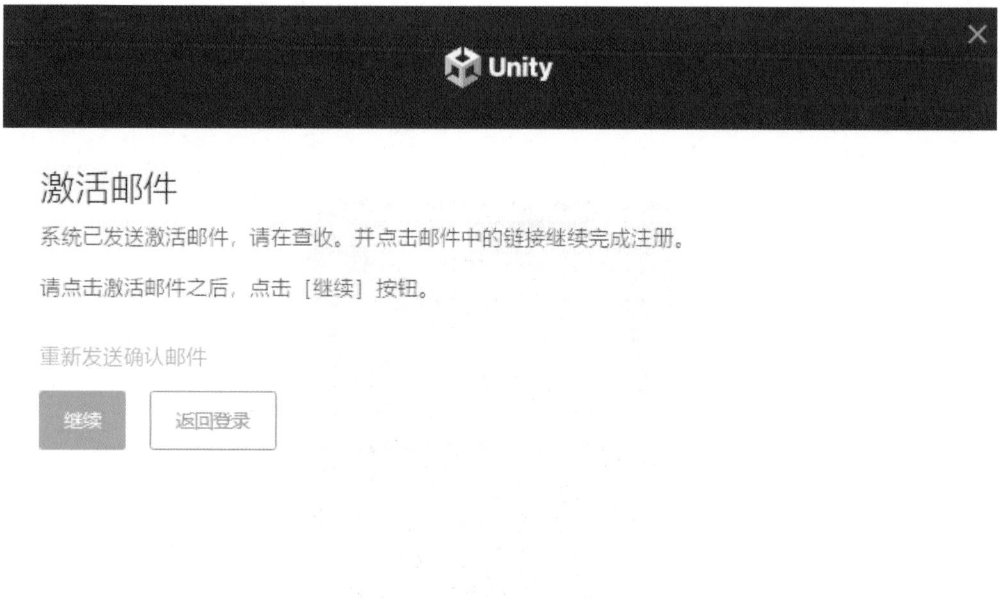

图 2.4　"激活邮件"窗口

登录注册时使用的电子邮箱，可以收到一封来自 Unity 的含有激活链接的邮件，邮件的内容如图 2.5 所示。

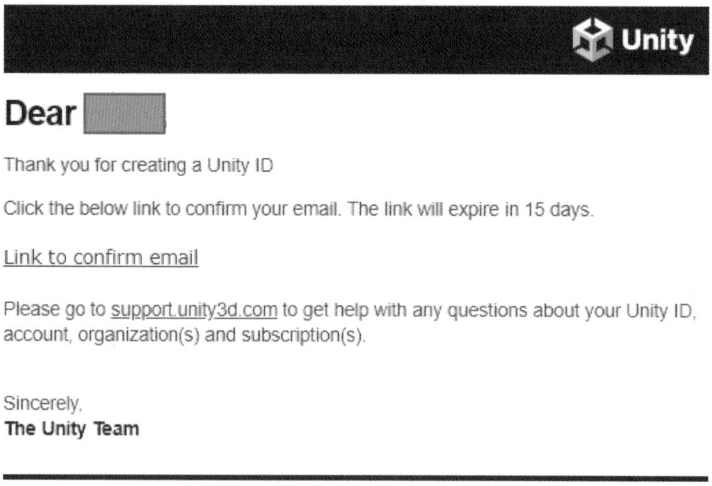

图 2.5　邮件的内容

单击图 2.5 中的"Link to confirm email"链接，然后输入创建 ID 时使用的邮箱和密码。

回到图 2.4 所示的窗口，单击"继续"按钮，弹出"更新业务信息"窗口，选择自己的职业和行业，如图 2.6 所示。

图 2.6 "更新业务信息"窗口

单击"保存"按钮。保存完毕后将弹出"绑定手机"窗口，如图 2.7 所示。

图 2.7 "绑定手机"窗口

输入手机号码，并单击"发送验证码"按钮，填入手机收到的验证码，单击"确认"按钮完成注册。

请妥善保存用户名和密码，在使用引擎的时候还会用到。

2.1.2 安装 Unity Hub

注册 Unity ID 之后，我们就可以下载和安装 Unity 引擎了。具体的操作步骤如下。

01 打开 Unity 中国官网的首页，如图 2.8 所示。

02 单击右上角的"登录"按钮，在弹出的下拉列表中选择"登录"选项，如图 2.9 所示。在弹出的窗口中选择"账户登录"选项，如图 2.10 所示。

图 2.8　Unity 中国官网的首页

图 2.9　选择"登录"选项

图 2.10　选择"账户登录"选项①

03 在弹出的窗口中选择"电子邮件登录"选项，如图 2.11 所示。

图 2.11　选择"电子邮件登录"选项

---

① 图 2.10 中"账户"的正确写法应为"账户"，后文同。

之后，浏览器会切换到"电子邮件登录"选项卡，在"email"和"password"文本框中分别输入注册 Unity ID 使用的电子邮件地址和密码，然后单击"登录"按钮。成功登录后的页面如图 2.12 所示。

图 2.12　成功登录后的页面

04 单击图 2.12 中的"下载 Unity"按钮，在加载的页面上选择"长期支持版"选项，如图 2.13 所示。

图 2.13　选择"长期支持版"选项

切换后的页面如图 2.14 所示。

图 2.14　切换后的页面

05 单击"从 Hub 下载"按钮，将弹出如图 2.15 所示的"提示"窗口。

根据使用的计算机的操作系统，单击相应的按钮，作者使用的是 Windows 操作系统，所以单击窗口中的"Windows 下载"按钮，弹出如图 2.16 所示的"新建下载任务"窗口。

选择一个适当的位置，然后单击"下载"按钮，将 UnityHubSetup.exe 文件下载到计算机的硬盘上。

图 2.15 "提示"窗口

图 2.16 "新建下载任务"窗口

06 双击 UnityHubSetup.exe 文件进行安装。安装完成后，再次单击图 2.15 中的"Windows 下载"按钮，弹出如图 2.17 所示的询问窗口。

图 2.17 询问窗口

单击"打开 Unity Hub"按钮，打开"安装 Unity"窗口，如图 2.18 所示。

图 2.18 "安装 Unity"窗口

07 勾选"开发工具"栏目中的"Microsoft Visual Studio Community 2019"复选框，并勾选"平台"栏目中的"Android Build Support""Android SDK & NDK Tools""OpenJDK"复选框，如图 2.19 所示。

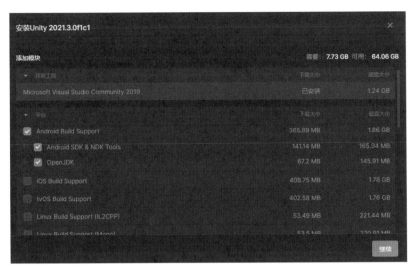

图 2.19　勾选相应的复选框（1）

说明

　　因为作者的计算机已经安装了 Microsoft Visual Studio Community 2019，所以窗口中显示"已安装"。

08 拖动窗口右侧的垂直滚动条至窗口底部，勾选"文档"栏目中的"Documentation"复选框，同时勾选"语言包（预览）"栏目中的"简体中文"复选框，如图 2.20 所示。

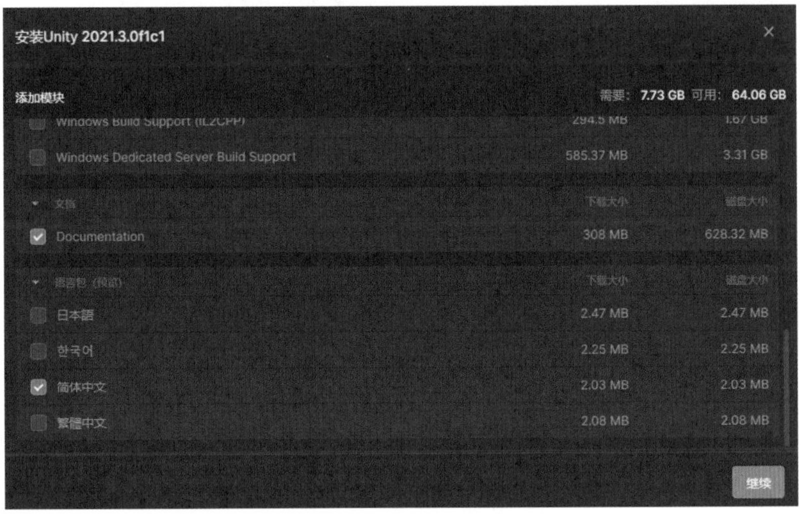

图 2.20　勾选相应的复选框（2）

　　选择完成后，单击右下角的"继续"按钮，进入"Android SDK and NDK License Terms from Google"窗口，勾选"我已阅读并同意上述条款和条件"复选框，单击"安装"按钮，如图 2.21 所示。

　　完成上述操作后，Unity Hub 将切换至"下载"窗口，如图 2.22 所示。

　　之后，等待 Unity Hub 自动下载并安装即可。

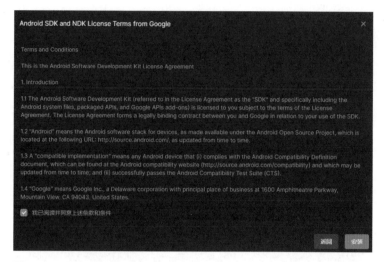

图 2.21　"Android SDK and NDK LicenseTerms from Google"窗口

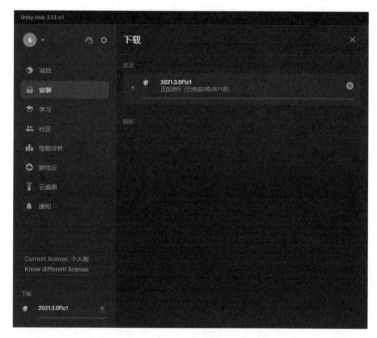

图 2.22　"下载"窗口

2.2　搭建 EasyAR 环境

EasyAR 是 Easy Augmented Reality 的缩写，是视辰信息科技（上海）有限公司的增强现实解决方案系列的子品牌，其功能是让增强现实变得简单且易实施，让客户将该技术广泛应用到广告、展馆、活动、App 等中。

由于 EasyAR 使用起来非常方便，所以本书选择 EasyAR 配合 Unity 进行 AR 应用的开发。

2.2.1　注册 EasyAR

本节我们先注册一个 EasyAR 官方账户。

01 打开浏览器，访问 EasyAR 官方网站，其首页如图 2.23 所示。

图 2.23　EasyAR 官方网站首页

02 单击 EasyAR 官方网站首页右上角的"注册"按钮，进入注册页面，如图 2.24 所示。

图 2.24　EasyAR 注册页面

03 分别输入用户名、电子邮箱地址，并输入两次密码，单击"同意协议并注册"按钮即可完成注册。

2.2.2　登录 EasyAR

注册成功后，返回 EasyAR 官方网站首页，单击右上角的"登录"按钮，进入登录页面，如图 2.25 所示。

图 2.25　EasyAR 登录页面

使用刚刚注册的用户名和密码登录，成功登录后的页面如图 2.26 所示。

图 2.26　成功登录后的页面

2.2.3　下载 EasyAR 的 Unity 插件

完成注册并成功登录 EasyAR 官方网站之后，我们就可以下载 EasyAR 的 Unity 插件了，请按照下面的步骤执行操作。

01 单击图 2.26 所示的"下载"按钮，进入 EasyAR 的下载页面，如图 2.27 所示。

图 2.27　EasyAR 的下载页面

02 选择图中的"EasyAR Sense Unity Plugin"选项，页面将定位到"EasyAR Sense Unity Plugin"内容处，如图 2.28 所示。

图 2.28　EasyAR Sense Unity Plugin

03 单击图 2.28 中标识出来的 "EasyARSenseUnityPlugin_4.5.0+2500.3866d14.zip" 链接，将其保存到计算机硬盘中。该压缩包中包含 3 个文件，其中，com.easyar.sense-4.5.0+2500.3866d14.tgz 文件是我们需要的 Unity 插件，如图 2.29 所示。

图 2.29　com.easyar.sense-4.50+2500.3866d14.tgz 文件

说明

　　由于 EasyAR 经常更新，所以读者下载时的文件版本号可能与本书不同，这不会影响后面的操作，请放心下载最新版本的压缩包。同时，本书的随书资源 "AR 教材配套资源\工具\" 文件夹中也为读者提供了下载好的文件。

04 将该压缩包解压缩，将 com.easyar.sense-4.5.0+ 2500.3866d14.tgz 文件保存，以便我们在后面的章节中使用。

2.3　搭建 Visual Studio 环境

　　前面章节中我们已经安装好了 Microsoft Visual Studio Community 2019 开发工具，该开发工具本身是免费的，但需要用户注册一个微软的账户才可以永久免费使用。如果不注册微软账户，则 Microsoft Visual Studio Community 2019 可以正常使用 30 天，到期之后将无法正常使用。因此，为了正常使用 Microsoft Visual Studio Community 2019，还需要注册一个微软账户。

2.3.1 注册微软账户

本节我们来注册一个微软的账户，请按照下面的步骤执行操作。

01 打开浏览器，进入微软中国官方网站的首页，如图 2.30 所示。

图 2.30 微软中国官方网站的首页

02 单击图中右上角的"登录"按钮，进入"登录"页面，如图 2.31 所示。

图 2.31 "登录"页面

03 单击"创建一个!"链接，进入"创建账户"页面，如图 2.32 所示。

输入一个常用的电子邮箱地址，然后单击"下一步"按钮，进入"创建密码"页面，如图 2.33 所示。

输入想要使用的密码，然后单击"下一步"按钮，进入"你的名字是什么？"页面，如图 2.34 所示。

填写完成后，单击"下一步"按钮，进入"你的出生日期是哪一天？"页面，如图 2.35 所示。

填写完成后，单击"下一步"按钮，进入"验证电子邮件"页面，如图 2.36 所示。

图 2.32　"创建账户"页面　　　图 2.33　"创建密码"页面　　图 2.34　"你的名字是什么？"页面

图 2.35　"你的出生日期是哪一天？"页面　　　图 2.36　"验证电子邮件"页面

04 登录注册时使用的电子邮件，输入微软发送的安全代码，然后单击"下一步"按钮。当出现"保持登录状态？"页面时，表明注册成功，如图 2.37 所示。

图 2.37　"保持登录状态？"页面

完成上述操作后，单击"是"按钮，完成注册，并返回首页。

2.3.2　登录 Visual Studio 2019

完成微软账户的注册后，就可以登录 Visual Studio 2019 了，请按照下面的步骤操作。

01 单击 Windows 系统左下角的"开始"按钮，在"开始"菜单中找到"Visual Studio 2019"命令，如图 2.38 所示。

选择菜单中的"Visual Studio 2019"命令启动 Visual Studio 2019,启动窗口如图 2.39 所示。启动 Visual Studio 2019 后,进入 IDE(集成开发环境)窗口,如图 2.40 所示。

图 2.38　"Visual Studio
2019"命令

图 2.39　启动窗口

图 2.40　Visual Studio 2019 的 IDE 窗口

02 单击 IDE 窗口右上角的"登录"按钮,弹出 Visual Studio 的"登录"页面,如图 2.41 所示。输入在上一节中注册账户时使用的电子邮件地址,单击"下一步"按钮,进入"输入密码"页面,如图 2.42 所示。

03 输入设置的密码，单击 "登录" 按钮，Visual Studio 将进行账户登录验证，如图 2.43 所示。

图 2.41　"登录"页面　　　　　　　　　　图 2.42　"输入密码"页面

图 2.43　账户登录验证页面

验证成功后，将重新进入 Visual Studio 2019 的 IDE 窗口，右上角会显示账户信息，如图 2.44 所示。

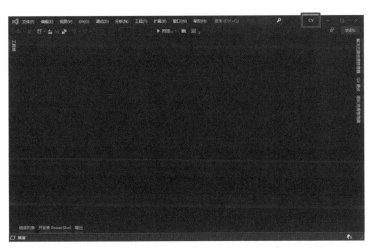

图 2.44　登录后 Visual Studio 2019 的 IDE 窗口

完成上述操作后，开发 AR 应用的 Visual Studio 环境就准备好了。

第 3 章

实现第一个 AR 应用

本章将带领读者学习使用 Unity 和 EasyAR 实现我们的第一个 AR 应用。通过该案例的实现，读者可以初步了解 Unity 和 EasyAR 在开发 AR 应用的过程中简单、易用的特点。

3.1 创建 Unity 项目

Unity 从 2018 版开始引入 Unity Hub。Unity Hub 是用于简化工作流程的桌面端应用程序，是一个用于管理 Unity 项目、简化下载、查找、卸载，以及安装、管理多个 Unity 版本的工具。

3.1.1 登录 Unity Hub

图 3.1 Unity Hub 应用程序的快捷方式

01 在计算机的桌面上找到前面章节安装好的 Unity Hub 应用程序的快捷方式并双击，即可运行 Unity Hub，如图 3.1 所示。

Unity Hub 运行后将弹出管理窗口，默认显示"项目"选项卡，如图 3.2 所示。

图 3.2 "项目"选项卡

单击窗口左上角的"登录"按钮，在下拉列表中选择"登录"选项，如图 3.3 所示，Unity Hub 将自动打开浏览器并进入 Unity ID 的登录页面，按照第 2 章介绍的流程登录账户即可。

登录 Unity ID 后，Unity Hub 窗口如图 3.4 所示。

图 3.3　选择"登录"选项　　　　　图 3.4　登录后的 Unity Hub 窗口

当左上角显示账户的首字母时，表示登录成功。

3.1.2　激活许可证

登录 Unity ID 后，我们还需要激活 Unity 的许可证才可以正常使用 Unity 编辑器，请按照下面的步骤操作。

01 单击"项目"选项卡右上角的"管理许可证"按钮，如图 3.5 所示。

图 3.5　单击"管理许可证"按钮

打开"偏好设置"窗口的"许可证"选项卡，单击右上角的"添加"按钮，或单击 "添加许可证"按钮，如图 3.6 所示。

图 3.6　添加许可证

02 打开"添加新许可证"窗口，选择"获取免费的个人版许可证"选项，如图 3.7 所示。

图 3.7　选择"获取免费的个人版许可证"选项

03 在"获取个人版许可证"窗口中单击"同意并获取个人版许可证"按钮，如图 3.8 所示。

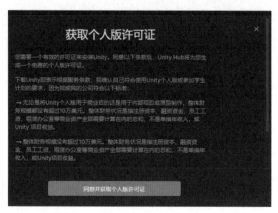

图 3.8　"获取个人版许可证"窗口

若"许可证"选项卡如图 3.9 所示,则表明个人版许可证激活成功,可以使用 Unity 进行开发了。

图 3.9　成功激活个人版许可证

说明

Unity 个人版的许可证激活一次的有效期为 3 天,如果连续 3 天没有登录 Unity Hub,那么该激活将自动失效,当我们再次使用 Unity 时,需要重复上面的步骤再次激活许可证,这个过程需要互联网处于连接状态。激活个人版许可证的次数没有限制,读者可以放心使用。

3.1.3　创建新项目

激活 Unity 的许可证之后,我们就可以使用 Unity Hub 创建 Unity 项目了,请按照下面的步骤执行操作。

01 单击"许可证"选项卡右上角的"关闭"按钮,回到 Unity Hub 管理窗口的"项目"选项卡,单击右上角的"新项目"按钮,创建一个新的 Unity 项目,如图 3.10 所示。

图 3.10　单击"新项目"按钮

02 在"新项目"窗口中,选择"3D(核心模板)"选项,在右侧"项目设置"选区中的"Project name"文本框中输入"MyFirstAR",并选择计算机硬盘上一个合适的文件夹存放此项目,如 E:\MyProjects，如图 3.11 所示。

图 3.11　创建新项目

> **说明**
>
> 　　先不要勾选右下角的"启用 PlasticSCM 并同意政策条款"复选框。PlasticSCM 是 Unity 内置的版本控制包，主要用于版本控制，为多人团队开发同一个项目提供服务。该项服务需要频繁地保存和备份当前项目的内容，所以经常会在自动保存备份的时候使计算机出现卡顿甚至假死的情况，十分影响效率。我们开发的产品内容属于单人开发的轻量级应用，所以不推荐使用 PlasticSCM 进行版本控制。

03 单击右下角的"创建项目"按钮，如果系统弹出如图 3.12 所示的"Windows 安全中心警报"窗口，则单击"允许访问"按钮即可。

图 3.12　"Windows 安全中心警报"窗口

完成上述操作之后，Unity 开始自动进行项目的初始化操作，如图 3.13 所示。

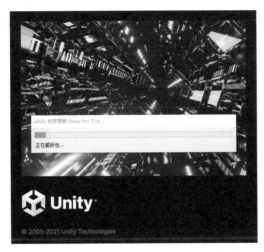

图 3.13　Unity 自动进行项目的初始化操作

等待一段时间，Unity 完成项目的初始化操作后，会自动打开 Unity 编辑器，如图 3.14 所示。

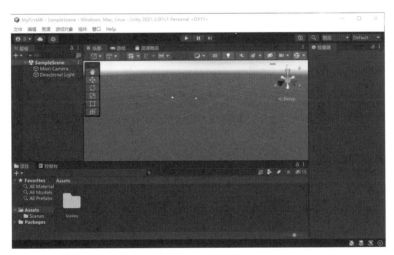

图 3.14　Unity 编辑器

至此，我们就创建好了一个空白的项目，可以使用 Unity 提供的强大的编辑功能来开发项目了。

3.2　使用 EasyAR 开发包

使用 EasyAR 开发包可以帮助我们简单、快速地开发 AR 产品，因此本书使用 EasyAR 开发包来开发 AR 应用产品。

3.2.1 导入 EasyAR 开发包

现在我们来学习一下如何将前面章节下载好的 EasyAR 开发包导入 Unity 项目，请按照下面的步骤执行操作。

01 在 Unity 编辑器中，选择"窗口"→"包管理器"命令，如图 3.15 所示。

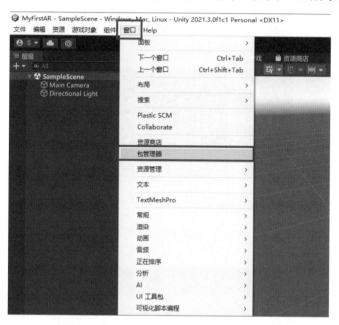

图 3.15 选择"窗口"→"包管理器"命令

之后，Unity 将打开"包管理器"窗口，如图 3.16 所示。

图 3.16 "包管理器"窗口

02 单击左上角的"+"按钮,在弹出的下拉列表中选择"添加来自 tarball 的包"选项,如图 3.17
所示。

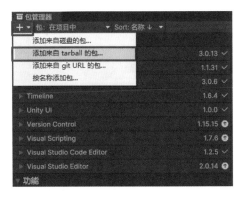

图 3.17　选择"添加来自 tarball 的包"选项

03 在弹出的"选择磁盘上的包"对话框中,找到之前下载并解压缩的 com.easyar.sense-
4.5.0+2500.38660d14.tgz 文件,单击"打开"按钮,如图 3.18 所示。

图 3.18　选择并打开 Easy AR 开发包(部分截图)

Unity 将会把 EasyAR 开发包安装到项目中,安装完成后,将会显示如下信息,如图 3.19
所示。

图 3.19　安装 EasyAR 开发包后显示的信息

EasyAR 开发包的内容可以在"项目"窗口中的 Packages 文件夹中查看，所有内容都被保存在 EasyAR Sense 文件夹中，如图 3.20 所示。

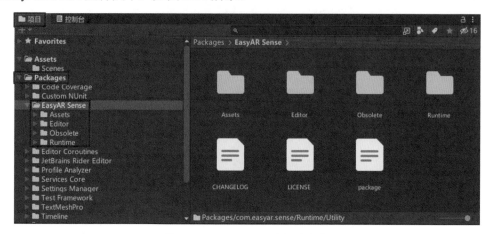

图 3.20　EasyAR 开发包的内容

3.2.2　导入 EasyAR 样本

为了方便我们的学习和开发，EasyAR 开发包中提供了样本案例的导入接口，我们可以通过学习 EasyAR 提供的样本案例，学习和掌握使用 EasyAR 开发各种类型的 AR 应用的方法，提高开发效率。请按照下面的步骤执行操作。

01 在"包管理器"窗口中，选项右侧的"样本"选项，如图 3.21 所示。

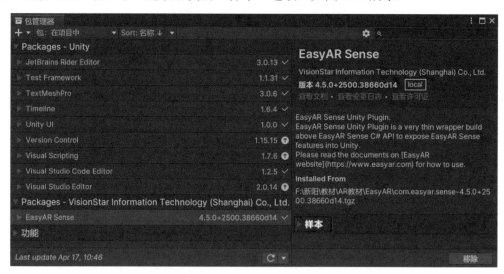

图 3.21　选择"样本"选项

展开 EasyAR 为我们提供的样本列表，如图 3.22 所示。

02 拖动右侧的滚动条，找到样本 ObjectSensing ImageTracking_Targets，单击其右侧的"导入"
按钮，如图 3.23 所示。

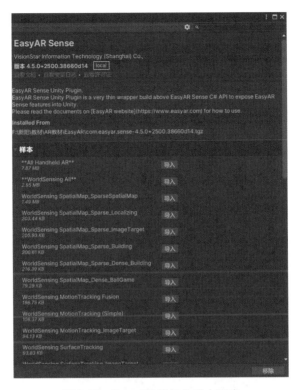

图 3.22　EasyAR 提供的样本列表

图 3.23　样本 ObjectSensing ImageTracking_Targets

导入成功后，将显示如图 3.24 所示的内容。

图 3.24　成功导入 EasyAR 的样本

03 关闭"包管理器"窗口，在 Unity 编辑器左下角的"项目"窗口中可以看到 EasyAR 的样本已经被添加到 Assets 文件夹中，如图 3.25 所示。

图 3.25　导入的 EasyAR 样本

3.2.3　图像追踪目标样本

本节我们来学习使用 EasyAR 提供的图像追踪目标的样本，请按照下面的步骤执行操作。

01 在 Unity 编辑器左下角的"项目"窗口中，打开"Assets\Samples\EasyAR Sense\4.5.0+2500.38660d14\ObjectSensing ImageTracking_Targets\Scenes\"文件夹，找到 ImageTracking_Targets 文件，如图 3.26 所示。

图 3.26　Image Tracking_Targets 文件

02 双击打开 ImageTracking_Targets 文件，在中间的"场景"窗口中可以看到如图 3.27 所示的内容。

图 3.27　"场景"窗口中的内容

在该案例中，一共有两张识别图，这两张识别图保存在"Assets\StreamingAssets\"文件夹中，分别是黄色小鸭子模型对应的 idback.jpg 图片和 EasyAR 长方体对应的 namecard.jpg 图片，其中，namecard.jpg 图片如图 3.28 所示。

图 3.28　识别图

我们可以将这两张图片打印出来，方便在以后运行程序进行测试的时候使用。

说明

EasyAR 是通过提取图像的特征点进行图像识别的，因此即使是以黑白形式打印出来的图片，EasyAR 也可以识别，所以彩色打印不是必须的。

03 单击"游戏"窗口右上角的播放按钮运行程序，结果如图 3.29 所示。

图 3.29　运行结果

出现这个画面的原因是 EasyAR 的正确运行需要输入一个许可密钥（License Key）。

3.2.4　创建许可证密钥

为了能够正常使用 EasyAR 的功能，我们需要为项目创建一个许可密钥，请按照下面的步骤执行操作。

01 打开浏览器，访问 EasyAR 的官方网站，在网站的首页单击右上角的"登录"按钮，输入用户名和密码进行登录。

02 登录后，单击 EasyAR 官方网站首页右上方的"开发中心"按钮，进入"开发中心"页面，如图 3.30 所示。

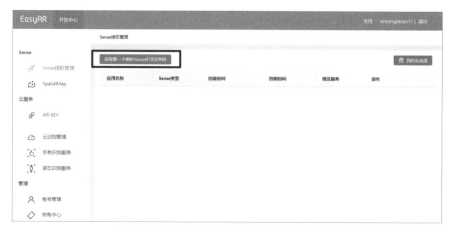

图 3.30 "开发中心"页面

03 单击图中的"我需要一个新的 Sense 许可证密钥"按钮，将会进入"订阅 Sense"页面。在该页面需要进行一些内容设置，由于页面中的内容较多，我们将页面分开介绍。

首先，在"Sense 类型"选区中选中"EasyAR Sense 4.0 个人版"单选按钮，在"是否使用稀疏空间地图"选区中选中"否"单选按钮，如图 3.31 所示。

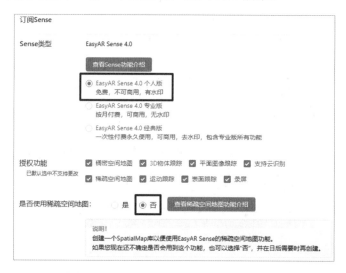

图 3.31 选中"EasyAR Sense4.0 个人版"和"否"单选按钮

接下来在"应用名称"文本框中输入"MyFirstAR"，在"Bundle ID（iOS）"文本框中暂时不输入任何内容，在"Package Name（Android）"文本框中输入"com.DefaultCompany.MyFirstAR"，如图 3.32 所示。

> **说明**
>
> 在"Package Name（Android）"文本框中输入"com.DefaultCompany.MyFirstAR"时要注意大小写，且不能输错，该内容是由 Unity 的项目设置确定的。

04 在 Unity 编辑器中，选择"编辑"→"项目设置"命令，如图 3.33 所示。

在"Project Settings"窗口左侧的列表中选择"玩家"选项，如图 3.34 所示。

图 3.32　设置"创建应用"选区

图 3.33　选择"编辑"→"项目设置"命令

图 3.34　选择"玩家"选项

在右侧的窗口中找到"Mac 应用商店选项"选区，其中，"资源包标识符"文本框中的内容就是"Package Name（Android）"文本框中的内容，如图 3.35 所示。

该资源包标识符默认不可修改，如果想要修改其内容，勾选"覆盖默认资源包标识符"复选框，就可以对资源包标识符进行修改，如图 3.36 所示。

图 3.35 "资源包标识符"文本框

图 3.36 勾选"覆盖默认资源包标识符"复选框

注意

资源包标识符必须遵守固定的格式,一定要由三部分组成。第一部分是"com.",这一部分保持不变;第二部分是企业的名字,可以将该部分内容修改为自己的企业(或学校等其他机构)的名字;第三部分是应用的名字。

05 回到 EasyAR 开发中心页面,单击"确定"按钮,即可成功创建许可证密钥,如图 3.37 所示。

图 3.37 成功创建许可证密钥

06 单击图 3.37 中的"查看"选项,查看许可证密钥的内容,如图 3.38 所示。

图 3.38 许可证密钥的内容

中间的内容就是许可证密钥的内容，单击右上角的"复制"按钮可以复制该密钥。有了这个密钥就可以在 Unity 中正确使用 EasyAR 了。

3.2.5　使用许可证密钥

本节我们学习如何在 Unity 中使用 EasyAR 的许可证密钥。

01 回到 Unity 编辑器，选择"编辑"→"项目设置"命令，在弹出的"Project Settings"窗口左侧的列表中选择"EasyAR"选项，如图 3.39 所示。

图 3.39　选择"EasyAR"选项

02 在窗口右侧的内容中找到"EasyAR SDK License Key"选项，将我们创建的许可证密钥粘贴到下方的文本框中（使用组合键 Ctrl+V），其他内容保持默认即可，如图 3.40 所示。

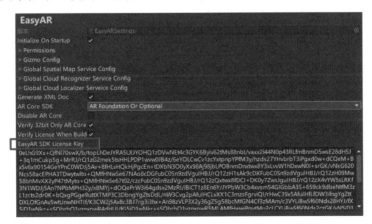

图 3.40　粘贴 EasyAR 许可证密钥

3.2.6 运行 EasyAR 样本

关闭该窗口，在运行程序前，先进行如下操作。

在"层级"窗口中选中 ImageTarget-idback 对象，在右侧的"检查器"窗口中找到"Image Target Controller（脚本）"组件，对其中的内容进行设置，如图 3.41 所示。

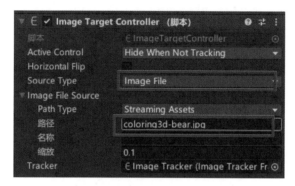

图 3.41　组件设置

这里我们将使用"Assets\StreamingAssets\"文件夹中的 coloring3d-bear.jpg 图片作为识别图，如图 3.42 所示。

此时，再次运行程序，程序将打开摄像头。将 coloring3d-bear.jpg 图片放在摄像头前，可以看到，idback.jpg 图片的上方显示出一只小黄鸭模型，如图 3.43 所示。

将图片更换为 namecard.jpg，则显示的结果如图 3.44 所示。

图 3.42　coloring3d-bear.jpg　　　图 3.43　显示小黄鸭模型　　　图 3.44　显示结果

通过运行程序的结果可知，EasyAR 通过该场景样本为我们提供了基于图像识别和追踪技术显示模型的解决方案，我们可以直接使用该解决方案来实现模型在图像上的叠加显示，从而降低 AR 应用的开发难度，提高开发效率。

3.3　学习 EasyAR 样本

本节我们将学习 EasyAR 官方提供的样本，掌握 EasyAR 的工作原理，为我们将来使用

EasyAR 设计和开发自己的 AR 应用打下良好的基础。

在 Unity 编辑器中打开 ImageTracking_Targets 场景，场景中所有的对象都在左侧的"层级"窗口中显示出来，如图 3.45 所示。

图 3.45　"层级"窗口中的内容

　　根节点 ImageTracking_Targets 代表该场景，场景中所有出现的对象都是其子对象。其中与 AR 有关的对象只有 3 个，分别是 AR Session(EasyAR)、ImageTarget-idback 和 ImageTarget-namecard，如图 3.45 中标识的内容所示。

3.3.1　AR Session(EasyAR)

在"层级"窗口中选中 AR Session(EasyAR)对象，在右侧的"检查器"窗口中可以看到该对象上添加的脚本内容，如图 3.46 所示。

这些内容是 EasyAR 为我们提供的，能够实现图像识别、追踪以及显示模型的功能，里面的相关参数保持默认即可。

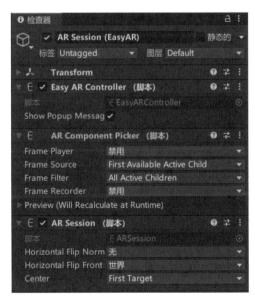

图 3.46　AR Session(EasyAR)对象上添加的脚本内容

3.3.2 ImageTarget-idback

在"层级"窗口中选中 ImageTarget-idback 对象，在右侧的"检查器"窗口可以看到该对象上添加的脚本内容，如图 3.47 所示。

其中，"Image Target Controller（脚本）"组件的作用是控制目标图像，具体的参数功能如下。

（1）"Active Control"参数负责控制 AR 对象的显示模式，其下拉列表中一共有 3 个选项，如图 3.48 所示。

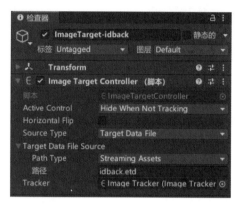

图 3.47　ImageTarget-idback 对象上添加的脚本内容　图 3.48　　"Active Control"下拉列表中的选项

- Hide When Not Tracking：默认的显示模式，当摄像头追踪不到识别图的时候，比如识别图离开了摄像头视角的范围，或者距离摄像头过远时，隐藏与识别图对应的 AR 对象。
- Hide Before First Found：在识别图第一次被摄像头追踪到之前，隐藏与识别图对应的 AR 对象。
- 无：AR 对象一直处于显示状态。

（2）"Source Type"参数指定识别图的来源类型，这里使用的是"Target Data File"选项，该选项需要指定识别图的文件描述数据，如图 3.49 所示。

（3）"Target Data File Source"栏目中的"Path Type"参数代表识别图文件的路径类型，一共有 3 个选项，如图 3.50 所示。

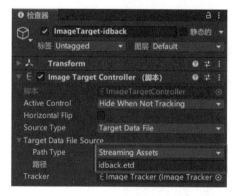

图 3.49　"Target Data File"选项　　　　图 3.50　　"Path Type"参数的选项

这里使用的是"Streaming Assets"选项，这也是最常用的选项，代表识别图对象的数据描述文件来源于 StreamingAssets 文件夹。

路径后面的文本框中显示的"idback.etd"是文件名及后缀。

在"项目"窗口中的"Assets\StreamingAssets\"文件夹中可以找到 idback.etd 文件，如图 3.51 所示。

此外，我们发现在"层级"窗口中，ImageTarget-idback 对象还有一个子对象 duck01，如图 3.52 所示。

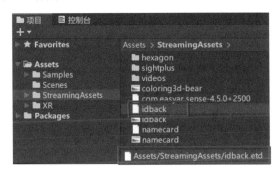

图 3.51　idback.etd 文件　　　　　图 3.52　Image Target-idback 对象的子对象 duck01

该对象就是那个小黄鸭的模型，由此可知，我们只需要将虚拟对象作为识别图对象的子对象放置在场景中，并调整好位置，EasyAR 就能够帮助我们完成图像的识别和追踪，以及虚拟对象的显示工作。

3.3.3　ImageTarget-namecard

ImageTarget-namecard 对象与 ImageTarget-idback 对象的内容一样，都使用了"Image Target Controller（脚本）"组件，只是其中"Source Type"参数更改为"Image File"选项，如图 3.53 所示。

图 3.53　Image Target-namecard 对象的"Source Type"参数

使用"Image File"选项，需要指定相关参数。

Path Type：与上面相同，指定"Streaming Assets"选项。

路径：输入的识别图的文件名，包括名字和后缀，这里是 namecard.jpg 文件。在"项目"窗口的"Assets\StreamingAssets\"文件夹中可以找到 namecard.jpg 文件，如图 3.54 所示。

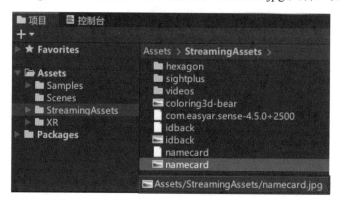

图 3.54　namecard.jpg 文件

名称：用来标识识别图的名称，不必与路径中的文件名一致。

缩放：图片在 Unity 场景中的大小。

> **说明**
>
> 　　该案例为我们提供了两种识别图的指定方法，一种方法是指定后缀为.etd 的文件，另外一种方法是指定识别图。我们通常使用第二种方法，因为第二种方法更直观，并且操作更加简单和方便。

3.4　修改 EasyAR 样本

通过上一节的学习，我们掌握了 EasyAR 的工作原理，了解了识别图的设置方法和放置虚拟对象的规则，本节我们将学习如何通过修改识别图和虚拟对象来实现使用不同的图像显示不同的模型。

3.4.1　更换 AR 模型

为了改变场景原文件，我们先将 ImageTracting_Targets 场景另存为一个新的场景，方便在新的场景中进行修改，具体操作如下。

01 选择"文件"→"另存为"命令，如图 3.55 所示。在弹出的"保存场景"对话框中，双击 Scenes 文件夹，如图 3.56 所示。

02 在 Scenes 文件夹中，选中 SampleScene.unity 文件，单击"保存"按钮，如图 3.57 所示。

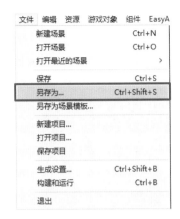

图 3.55　选择"文件"→"另存为"命令　　　　　图 3.56　双击 Scenes 文件夹

图 3.57　另存为 SampleScene.unity 文件

在弹出的"确认另存为"对话框中，单击"是"按钮，如图 3.58 所示。

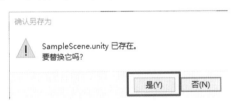

图 3.58　单击"否"按钮

操作完成后，"层级"窗口中的场景根节点变为 SampleScene，如图 3.59 所示。

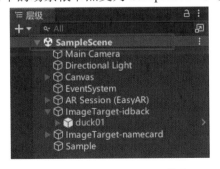

图 3.59　SampleScene 场景根节点

03 在"层级"窗口中，选中 ImageTarget-idback 对象，按 Del 键，将其从场景中删除。接下来展开 ImageTarget-namecard 对象的子对象列表，选中其中的 Cube 对象，如图 3.40 所示。

在右侧的"检查器"窗口中，取消勾选"Cube"左侧的复选框，如图 3.61 所示。

图 3.60　选中 Cube 对象

图 3.61　取消勾选"Cube"左侧的复选框

此时，"场景"窗口中的 Cube 对象将消失，如图 3.62 所示。

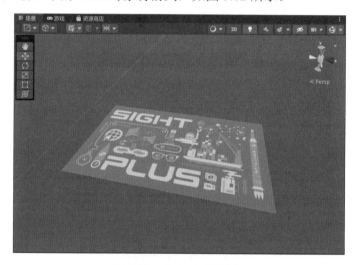
图 3.62　Cube 对象消失

> **说明**
>
> 在 Unity"场景"窗口中的对象有两种状态，分别是激活状态和非激活状态。处于非激活状态的对象在场景中不会显示出来。

04 在"层级"窗口中选中 ImageTarget-namecard 对象并右击，在弹出的快捷菜单中选择"3D对象"→"立方体"命令，如图 3.63 所示。

这样，Unity 就创建了一个新的立方体对象，如图 3.64 所示。

> **说明**
>
> 在"层级"窗口中选中某个对象并右击，使用快捷菜单创建出来的新的对象，Unity 会默认其为之前选中对象的子对象。本例中，由于子对象中存在了一个名为 Cube 的对象，所以新创建的子对象的名字会添加索引序号，如图 3.64 所示。

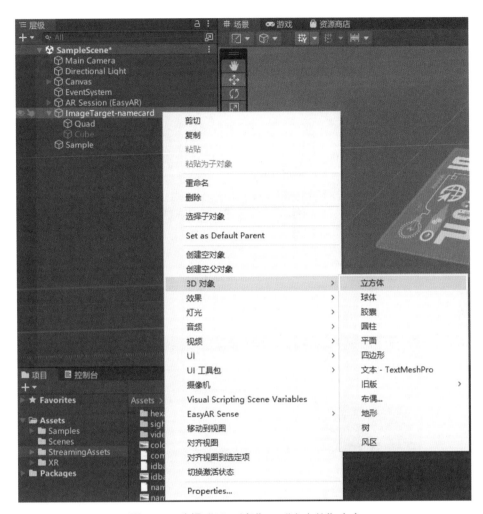

图 3.63　选择 "3D 对象" → "立方体" 命令

由于新创建的 Cube(1)对象的尺寸比较大，我们在 "检查器" 窗口中将 "Transform" 组件中的 "位置" 参数设置为(0，0，−0.5)，"缩放" 参数设置为(0.3，0.3，0.3)，如图 3.65 所示。

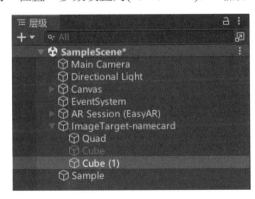

图 3.64　新建 Cube(1)对象　　　　图 3.65　修改 Cube(1)对象的 "位置" 参数和 "缩放" 参数

最终，Cube(1)对象在 "场景" 窗口中的显示结果如图 3.66 所示。

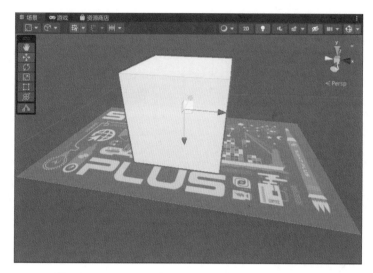

图 3.66 Cube(1)对象在"场景"窗口中的显示结果

05 运行程序，开启摄像头，显示结果如图 3.67 所示。

图 3.67 开启摄像头后的显示结果

通过上面的操作，我们就学会了更换模型的方法，我们可以将任何模型对象作为 ImageTarget- namecard 对象的子对象放置在场景中，可以是人物、动物、建筑等。

3.4.2 更换识别图图像

本节我们来学习如何更换识别图指定的图像，从而使用不同的识别图显示 AR 模型对象。

01 当前场景中的识别图是 namecard.jpg 图像，我们将其换成 idback.jpg 图像。在"层级"窗口中，选中 ImageTarget-namecard 对象，在右侧的"检查器"窗口中修改"Image File Source"栏目中的参数，如图 3.68 所示。

02 选中 ImageTarget-namecard 对象的子对象 Quad，在右侧的"检查器"窗口中将其设置为非激活状态，如图 3.69 所示。

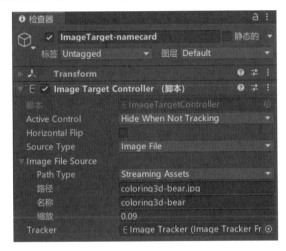

图 3.68　修改 "Image File Source" 栏目中的参数　　图 3.69　将 Quad 对象设置为非激活状态

操作完成后，在"场景"窗口显示的内容如图 3.70 所示。

03 运行程序，将 idback.jpg 图像放置在摄像头前，显示的结果如图 3.71 所示。

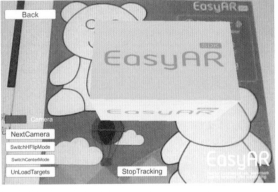

图 3.70　"场景"窗口中显示的内容　　　　　　图 3.71　显示的结果

通过上面的操作可知，我们可以将自己的识别图保存到 Unity 项目的 "Assets\StreamingAssets\" 文件夹中，然后将图片的名字包括其文件名后缀输入 ImageTarget-namecard 对象的 "Image Target Controller(脚本)" 组件的 "Image File Source" 栏目的 "路径" 文本框中即可。

3.5　发布 apk 文件

本节我们来学习如何将做好的应用发布为安卓系统安装的 apk 文件。

3.5.1　保存项目

01 在发布 apk 文件之前，我们要做好保存工作。选择"文件"→"保存"命令，保存当前的 SampleScene 场景文件，如图 3.72 所示。

也可以使用快捷键 Ctrl + S 进行保存。

02 选择"文件"→"保存项目"命令，保存项目，如图 3.73 所示。

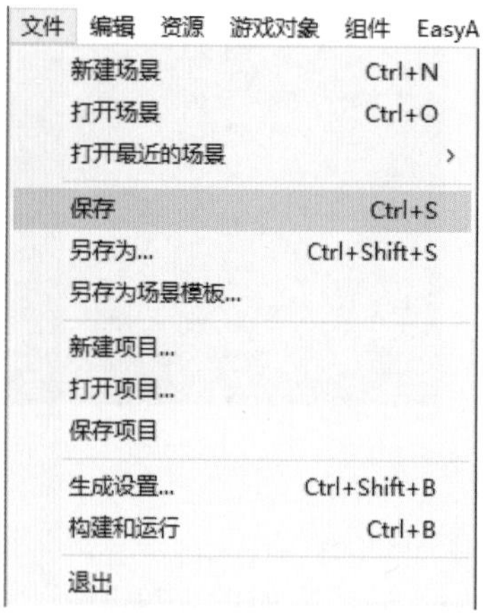

图 3.72　保存 SampleScene 场景文件 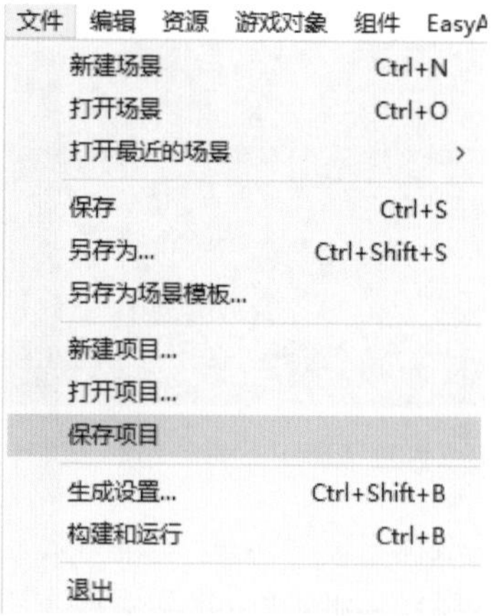　　　图 3.73　选择"文件"→"保存项目"命令

3.5.2　生成设置

本节我们来学习导出安卓系统 apk 安装包需要进行的相关参数的设置。请按照下面的步骤进行操作。

01 选择"文件"→"生成设置"命令，如图 3.74 所示。

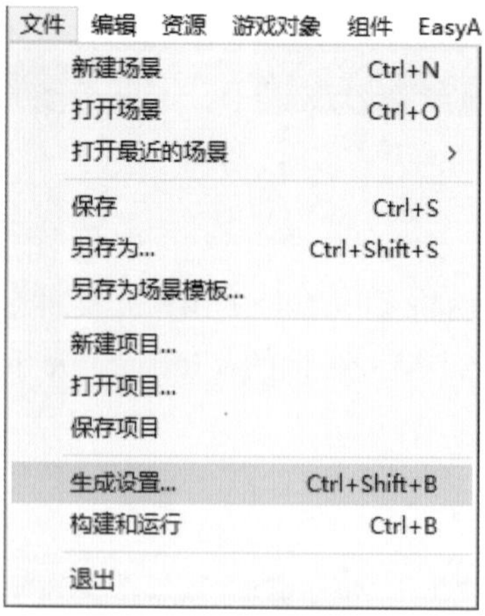

图 3.74　选择"文件"→"生成设置"命令

弹出"Build Settings"窗口，如图 3.75 所示。

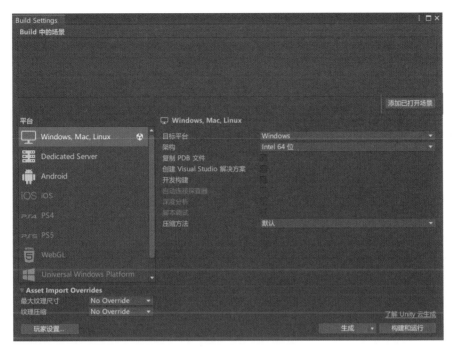

图 3.75 "Build Settings"窗口

02 单击图 3.75 中的"添加已打开场景"按钮,将当前的 Scenes/SampleScene 场景添加到"Build 中的场景"列表框中,如图 3.76 所示。

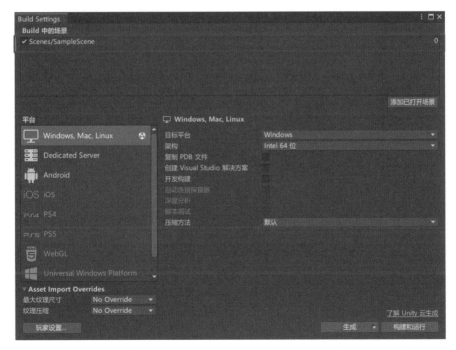

图 3.76 将 Scenes/SampleScene 场景添加到"Build 中的场景"列表框中

03 在左侧的"平台"列表框中,选择"Android"选项,如图 3.77 所示。

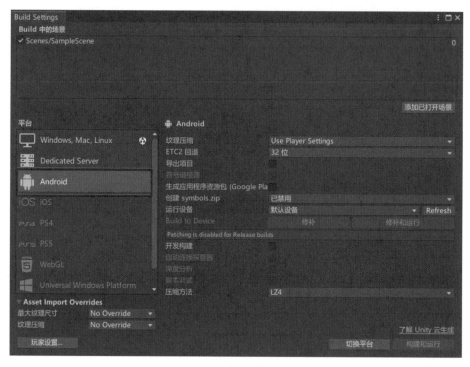

图 3.77　选择"Android"选项

04 单击右下角的"切换平台"按钮，如图 3.78 所示。

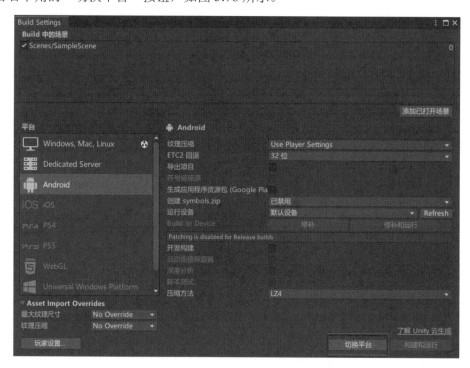

图 3.78　单击"切换平台"按钮

完成上面的操作后，Unity 会自动进行平台切换需要的一系列操作，如图 3.79 所示。

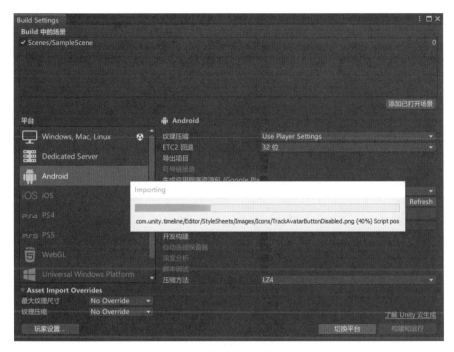

图 3.79　平台切换

经过一段时间后，Unity 完成了平台切换的工作，此时的"Build Settings"窗口如图 3.80 所示。

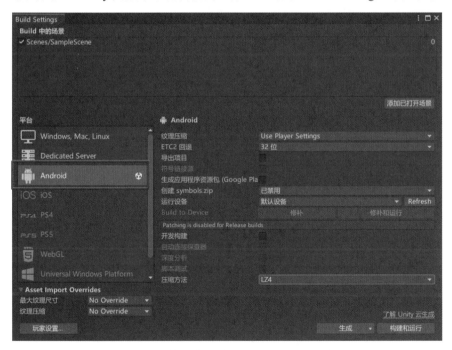

图 3.80　切换平台后的"Build Settings"窗口

通过图 3.80 中"平台"列表框中 Android 右侧的 Unity 图标可知，Unity 的当前发布的平台已经切换到了 Android 平台。

05 单击左下角的"玩家设置"按钮，如图 3.81 所示。

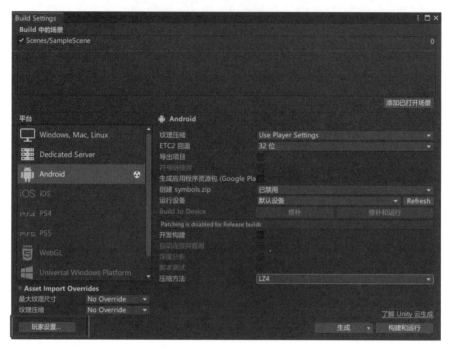

图 3.81　单击"玩家设置"按钮

弹出"Project Settings"窗口，如图 3.82 所示。

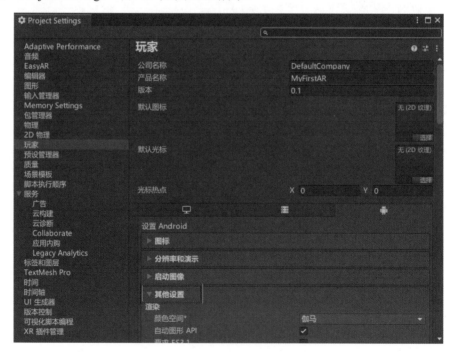

图 3.82　"Project Settings"窗口

在窗口的右侧找到"其他设置"栏目，然后拖动窗口右侧的滚动条，定位到"识别"选区，如图 3.83 所示。

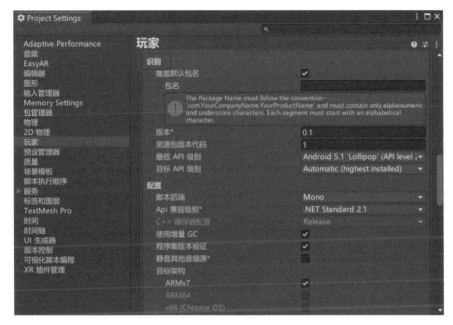

图 3.83　"识别"选区

06 在"包名"文本框中输入"com.DefaultCompany.MyFirstAR"，如图 3.84 所示。

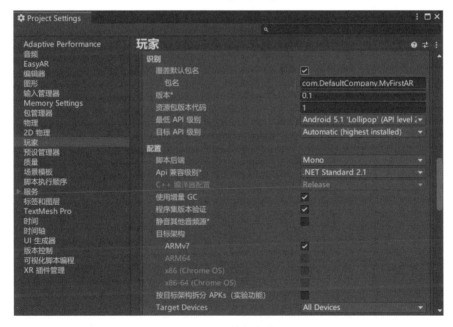

图 3.84　输入包名

注意

　　该内容要与我们在 EasyAR 中申请的许可证密钥中"Package Name（Android）"文本框中的内容一致，否则安装包在手机上无法正确运行。

07 设置对 ARM64 位的支持。在图 3.84 中，找到"配置"选区，可以看到"ARM64"复选框没有被勾选，无法进行交互操作，如图 3.85 所示。

图 3.85　"ARM64"复选框

　　勾选"ARM64"复选框，然后找到"脚本后端"参数，该参数当前使用的是"Mono"选项，我们将其修改为"IL2CPP"选项，如图 3.86 所示。

图 3.86　将"脚本后端"参数修改为"IL2CPP"选项

　　修改完成后，即可勾选"目标架构"参数中的"ARM64"复选框，如图 3.87 所示。设置完成后关闭"Project Settings"窗口。

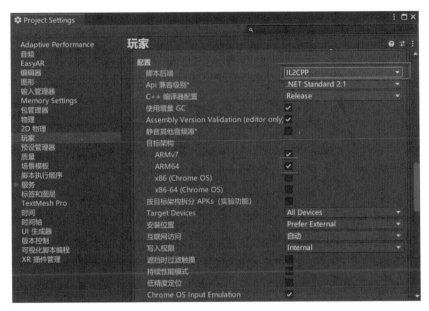

图 3.87　勾选"ARM64"复选框

3.5.3　生成 apk 文件

经过上面的设置操作，已经为发布 apk 文件做好了准备工作。接下来我们需要进行如下
操作。

01 单击"生成"按钮，如图 3.88 所示。

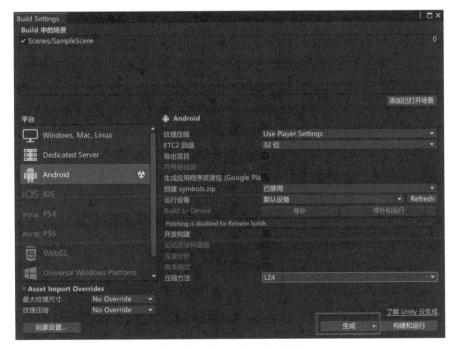

图 3.88　单击"生成"按钮

这时，Unity 将弹出"Build Android"对话框，如图 3.89 所示。

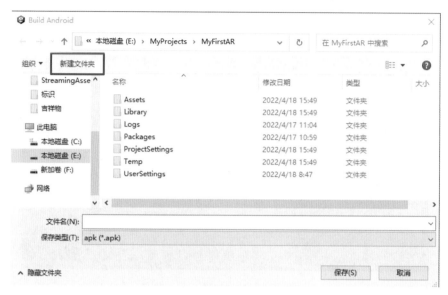

图 3.89 "Build Android"对话框

02 单击左上角的"新建文件夹"按钮，在 MyFirstAR 文件夹中创建一个新的文件夹，并将文件夹命名为"apk"，结果如图 3.90 所示。

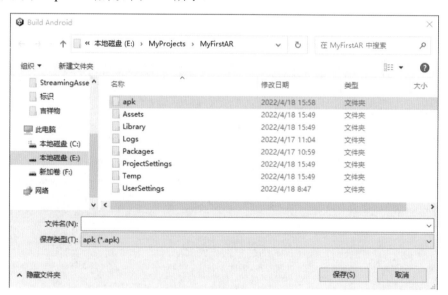

图 3.90 新建"apk"文件夹

03 双击 apk 文件夹进入该文件夹，在"文件名"文本框中输入"MyFirstAR"，如图 3.91 所示，单击"保存"按钮。

Unity 会自动将项目内容打包，如图 3.92 所示。

打包成功后，将自动打开 apk 文件夹，我们可以看到生成的 MyFirstAR.apk 文件，如图 3.93 所示。

图 3.91　在"文件名"文本框中输入"MyFirstAR"

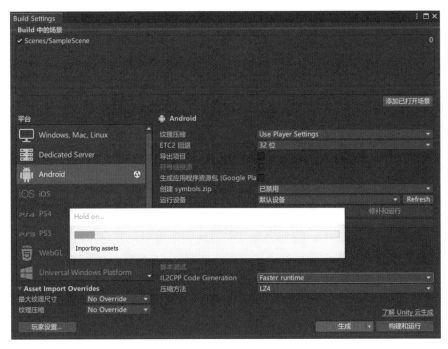

图 3.92　将项目内容打包

图 3.93　生成的 MyFirstAR.apk 文件

3.6 安装和运行 apk 文件

本节我们将学习如何将 MyFirstAR.apk 文件复制到安卓系统手机或者平板计算机的内存并进行安装，作者使用的是华为 P30 Pro 手机，本节的内容都是以该手机为例进行操作的。

3.6.1 打开开发者模式

01 打开开发者模式才能允许计算机将 apk 文件复制到手机内存，在手机桌面上点击"设置"图标，如图 3.94 所示。

进入设置页面后，找到"系统和更新"选项，如图 3.95 所示。

图 3.94　点击"设置"图标　　　　　图 3.95　"系统和更新"选项

02 进入"系统和更新"界面后，找到"开发人员选项"选项，并点击进入，如图 3.96 所示。
03 进入"开发人员选项"界面后，打开"开发人员选项"开关，如图 3.97 所示。

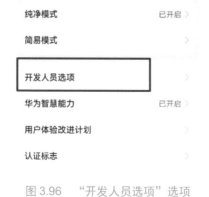

图 3.96　"开发人员选项"选项　　　　图 3.97　打开"开发人员选项"开关

3.6.2　与计算机连接

01 使用 USB 数据线将手机和计算机连接在一起，在弹出的提示窗口中选中"传输文件"单选按钮，如图 3.98 所示。

图 3.98　选中"传输文件"单选按钮

02 在计算机上双击"此电脑"图标，打开文件夹管理器窗口，可以看到"HUAWEI P30 Pro"图标，如图 3.99 所示。

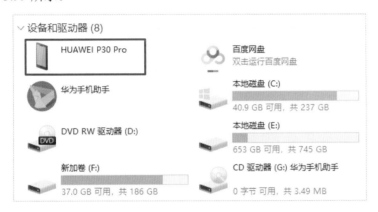

图 3.99　"HUAWEI P30 Pro"图标

3.6.3　复制和安装 apk 文件

01 接着上一节的内容，双击"HUAWEI P30 Pro"图标。
02 双击"内部存储"图标，如图 3.100 所示，进入手机内存文件界面。使用快捷键 Ctrl+C 复制 MyFirstAR.apk 文件，再使用快捷键 Ctrl+V 将 MyFirstAR.apk 文件粘贴到手机内存中。

图 3.100　双击"内部存储"图标

03 在手机桌面上找到"实用工具"图标，如图 3.101 所示。
　　在"实用工具"文件夹中，点击"文件管理"图标，如图 3.102 所示。

图 3.101 "实用工具"文件夹

图 3.102 "文件管理"图标

之后进入浏览界面，点击"我的手机"选项，如图 3.103 所示。

04 进入"我的手机"界面，找到 MyFirstAR.apk 文件，如图 3.104 所示。

图 3.103 "我的手机"选项

图 3.104 手机中的 MyFirstAR.apk 文件

05 点击 MyFirstAR.apk 文件，在弹出的"安全提醒"界面中点击"继续安装"按钮，如图 3.105 所示。显示"安装成功"界面后，点击"完成"按钮，如图 3.106 所示。

图 3.105 点击"继续安装"按钮

图 3.106 点击"完成"按钮

3.6.4　运行 AR 应用

我们在完成了 MyFirstAR 应用程序的安装后，可以在手机的桌面上找到这个应用，如图 3.107 所示。

01 点击"MyFirstAR"图标运行该 AR 应用，在弹出的"是否允许'MyFirstAR'拍摄照片和录制视频？"询问对话框中选择"仅使用期间允许"选项，如图 3.108 所示。

图 3.107　手机桌面的 MyFirstAR　　　　图 3.108　选择"仅使用期间允许"选项

02 运行应用后，使用手机摄像头对着 idback.jpg 图片，可以看到立方体的模型显示了出来，如图 3.109 所示。

图 3.109　MyFirstAR 的运行结果

第 4 章

AR 太阳系的设计实现

从本章开始，我们将一起设计和实现一款对太阳系中太阳和八大行星进行知识科普的 AR 应用，完全使用前面章节介绍过的 Unity 和 EasyAR 来实现。

4.1　准备工作

设计和实现一款对太阳系进行知识科普的 AR 应用，首先需要包括太阳、地球以及其他七大行星的 3D 模型，还需要与之相应的图像作为识别图。由于制作 3D 模型需要一定的专业基础，所以相比于自己制作模型，作者更推荐使用 Unity 官方资源商城中的免费资源，本章也会介绍如何在 Unity 官方资源商城中寻找和使用资源。

4.1.1　Unity 资源商城

01 打开浏览器，进入 Unity 官方资源商城首页，如图 4.1 所示。

图 4.1　Unity 官方资源商城首页

02 单击页面右上角的"登录"按钮，在弹出的对话框中选择"登录"选项，如图 4.2 所示。

图 4.2　选择"登录"选项

　　登录流程同前面章节介绍的一样，使用之前注册的邮箱和密码进行登录即可。登录成功后可以在右上角看到 ID 的首字母，如图 4.3 所示。

图 4.3　成功登录 Unity 官方资源商城

4.1.2　搜索资源商城

　　登录成功后，我们可以在商城中搜索想要的资源，请按照下面的步骤执行操作。

01 在商城页面最上面的"搜索资源"文本框中输入"solar"（太阳的），如图 4.4 所示。

02 找到页面中部位置"排序方式"选项右侧的"热门程度"选项，如图 4.5 所示。

03 单击"热门程度"下拉按钮，在弹出的下拉列表中选择"价格（由低到高）"选项，如图 4.6 所示。

图 4.4 在"搜索资源"文本框中输入"solar"

图 4.5 "热门程度"选项 　　　　图 4.6 选择"价格（由低到高）"选项

这样，搜索到的和太阳有关的资源会按照价格由低到高的顺序排列，搜索结果中有 8 个资源是免费（FREE）的，如图 4.7 所示。

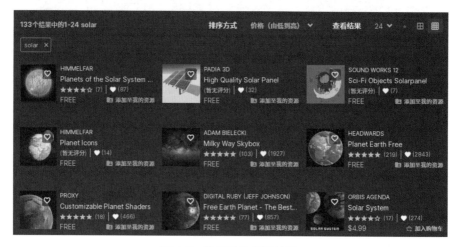

图 4.7 排序后的搜索结果

4.1.3 添加到我的资源

接下来介绍如何将商城中的资源添加到我们的账户中，请按照下面的步骤执行操作。

01 将光标放置在左上角第一个资源（Planets of the Solar System...）的图标上，可以看到图标上出现一个眼睛小图标，如图 4.8 所示

图 4.8　眼睛小图标

02 单击该小图标，弹出一个快速预览的窗口，在该窗口中可以了解该资源更详细的信息，如图 4.9 所示。

图 4.9　资源更详细的信息

03 单击图中的"添加至我的资源"按钮，在弹出的"Asset Store Terms of Service and EULA"对话框中单击"接受"按钮，如图 4.10 所示。

添加成功后，该资源图标将显示为"已购买的"，如图 4.11 所示。

图 4.10　单击"接受"按钮

图 4.11　资源图标显示为"已购买的"

04 与上面的操作相同，将图 4.7 中第二行第一个资源（Planet Icons）也添加到我的资源中，该资源的内容如图 4.12 所示。

图 4.12　Planet Icons 资源的内容

4.1.4　将资源导入项目

本节我们来学习如何将在资源商店购买的资源导入我们的项目。

01 打开 MyFirstAR 项目，选择"窗口"→"包管理器"命令，如图 4.13 所示。

图 4.13　选择"窗口"→"包管理器"命令

02 在弹出的"包管理器"窗口中，找到"包：在项目中"选项，如图 4.14 所示。

03 单击"包：我的资源"选项右侧的下拉按钮，在弹出的下拉列表中选择"我的资源"选项，如图 4.15 所示。

图 4.14　"包：在项目中"选项

图 4.15　选择"我的资源"选项

　　由于作者计算机中的资源比较多，所以通过"包管理器"窗口右上角的搜索文本框输入"Planet"可以快速定位到想要的资源，搜索的结果如图 4.16 所示。

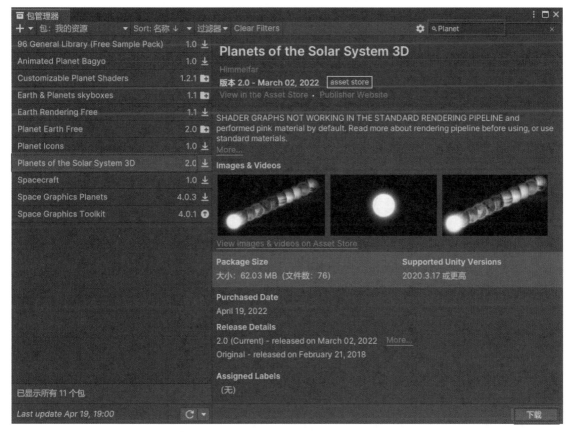

图 4.16　搜索的结果

04 在"包管理器"窗口左侧的资源列表中选择 Planets of the Solar System 3D 资源，然后单击右下角的"下载"按钮，窗口下方将显示下载进度，如图 4.17 所示。

05 下载完成后，单击"导入"按钮，将资源导入项目，如图 4.18 所示。

　　Unity 将自动为我们导入资源文件，如图 4.19 所示。

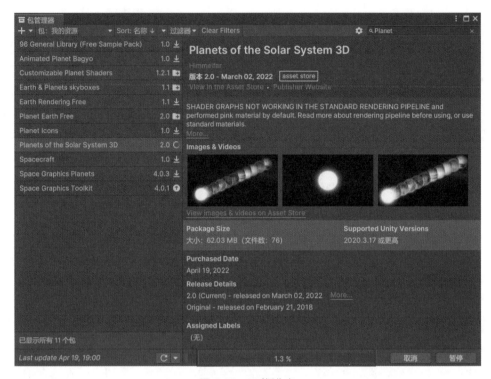

图 4.17 下载进度

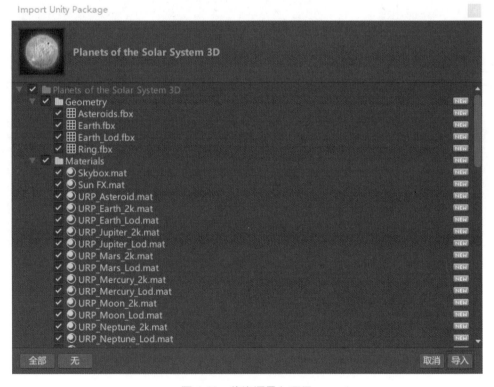

图 4.18 将资源导入项目

图 4.19　导入资源文件

资源导入完成后，在"项目"窗口中会多一个名为 Planets of the Solar System 3D 的文件夹，如图 4.20 所示。

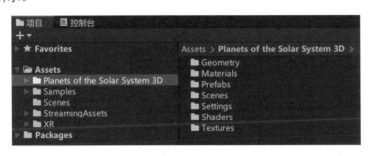

图 4.20　"项目"窗口中的 Planets of the Solar System3D 文件夹

说明

使用 Unity 包管理器下载的资源包默认存放在"C:\Users\Administrator \AppData\Roaming\Unity\Asset Store-5.x\"文件夹中，由于每个资源是由不同的企业（或个人）提供的，所以在上述的文件夹中还会创建企业（或个人）的文件夹，因此我们下载的资源最终的保存位置是"C:\Users\Administrator\AppData\Roaming\Unity\Asset Store-5.x\Himmelfar\3D ModelsEnvironments\"，如图 4.21 所示。

图 4.21　资源最终的保存位置

使用同样的方法，下载 Planet Icons 资源并将其导入项目，最终结果如图 4.22 所示。

图 4.22　导入结果

4.1.5 升级为 URP 项目

在 Unity 编辑器的"项目"窗口中,打开"Planets of the Solar System 3D"→"Materials"
文件夹,该文件夹中保存的是太阳和八大行星使用的材质,此时我们发现这些材质显示为粉红
色,如图 4.23 所示。如果看不到粉红色,可以将中间显示材质的窗口右下角的滑动条拖动到
最右侧。

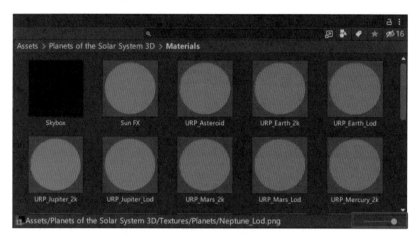

图 4.23　材质显示为粉红色

> **说明**
>
> 材质显示不正确的原因是我们创建的项目使用的是默认的固定渲染管线(Fixed
> Function Shader),而我们导入的这个资源使用的是通用渲染管线(URP,Universal Render
> Pipeline),因此我们需要将项目升级为 URP 项目,请按照下面的步骤执行操作。

01 选择"窗口"→"包管理器"命令,如图 4.24 所示。

02 单击"包:我的资源"右侧的下拉按钮,在弹出的下拉列表中选择"Unity 注册表"选项,
如图 4.25 所示。

图 4.24　选择"窗口"→"包管理器"命令

图 4.25　选择"Unity 注册表"选项

03 拖动窗口左侧的滚动条，找到"Universal RP"选项，然后单击右下角的"安装"按钮，如图 4.26 所示。

图 4.26　单击右下角的"安装"按钮

04 安装完成后，关闭"包管理器"窗口，选中"项目"窗口中的 Assets 文件夹，选择"资源"→"创建"→"文件夹"命令，如图 4.27 所示。

图 4.27　选择"资源"→"创建"→"文件夹"命令

该操作可以在 Assets 文件夹中创建一个新文件夹，系统默认的名字为 NewFolder，我们将其重命名为"URPAsset"，如图 4.28 所示。

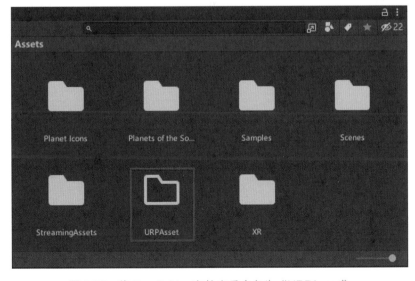

图 4.28　将 NewFolder 文件夹重命名为"URPAsset"

05 进入 URPAsset 文件夹并右击，在弹出的菜单中选择"创建"→"渲染"→"URP Asset(with Universal Renderer)"命令，创建一个 URP Asset，如图 4.29 所示。

图 4.29　选择"创建"→"渲染"→"URP Asset(With Univerasl Renderer)"命令

> **说明**
>
> 　　在 Unity 编辑器中，创建某一种类型的资源有两种方式，一种是使用菜单栏中"资源"下拉菜单，另外一种就是右击，在弹出的快捷菜单中选择"创建"命令。

06 上一步会在 URPAsset 文件夹中创建一个默认名字为 New Universal Render Pipeline Asset 的文件，我们将其重命名为"MyAR"，按回车键确认，Unity 将自动为我们创建两个资源文件，如图 4.30 所示。

07 选择"编辑"→"项目设置"命令，打开"Project Settings"窗口，在左侧的列表中选择"图形"选项，如图 4.31 所示。

图 4.30　Unity 自动创建的资源文件

图 4.31　选择"图像"选项

08 单击"可编写脚本的渲染管道设置"选择框右侧的圆形按钮，如图 4.32 所示。

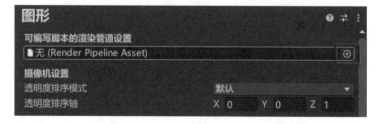

图 4.32　"可编写脚本的渲染管道设置"选择框右侧的圆形按钮

09 在弹出的窗口中选择 "MyAR" 选项，如图 4.33 所示。

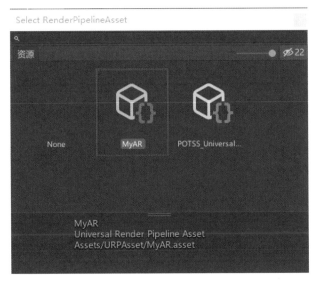

图 4.33　选择 "MyAR" 选项

并在弹出的 "Changing Render Pipeline" 对话框中单击 "继续" 按钮，如图 4.34 所示。

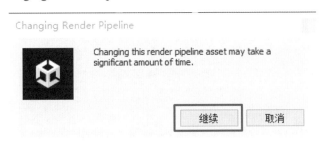

图 4.34　单击 "继续" 按钮

Unity 会自动将当前项目升级为 URP 项目，升级完成后，可以看到 Materials 文件夹中的材质显示正常了，如图 4.35 所示。

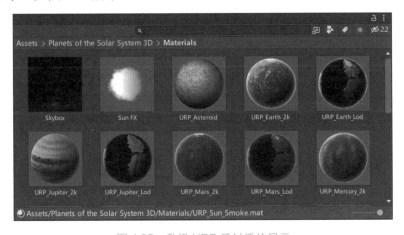

图 4.35　升级 URP 后材质的显示

> **说明**
>
> 如果材质没有马上正常显示，可以关闭 Unity 编辑器，重新打开项目，这样材质就会正常显示了。

接下来，需要将 EasyAR 也升级为支持 URP 模式，请按照下面的步骤执行操作。

01 在"Asset\URPAsset"文件夹中，选择 MyAR_Renderer 文件，如图 4.36 所示。

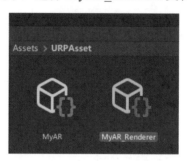

图 4.36　选择 MyAR_Renderer 文件

02 在"检查器"窗口下方的"Render Features"栏目中，找到"Add Renderer Feature"按钮，如图 4.37 所示。

图 4.37　"Add Renderer Feature"按钮

03 单击该按钮，在弹出的下拉列表中选择"Easy AR Camera Image Renderer Feature"选项，如图 4.38 所示。

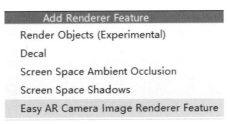

图 4.38　选择"EasyAR Camera Image Renderer Feature"选项

完成上述操作后的显示结果如图 4.39 所示。

图 4.39　显示结果

这样我们就将项目升级为 URP 项目了。

4.1.6　创建预制体

使用 EasyAR 开发 AR 应用，场景中最核心的两个对象就是 AR Session(EasyAR)和 ImageTarget-namecard。我们可以将这两个对象做成 Prefabs（预制体），方便我们在项目中直接使用它们，请按照下面的步骤执行操作。

01 在 Unity 编辑器的"项目"窗口中，选中 Assets 文件夹并右击，在弹出的快捷菜单中选择"创建"→"文件夹"命令，将新创建的文件夹重命名为"Prefabs"。双击进入该文件夹，在"层级"窗口中将 SampleScene 场景中的 AR Session(EasyAR)对象直接拖动到 Prefabs 文件夹中，系统会将它自动做成预制体，如图 4.40 所示。

02 在"层级"窗口中选中 ImageTarget-namecard 对象，将其所有的子对象删除，然后将其拖动到 Prefabs 文件夹中做成预制体，如图 4.41 所示。

图 4.40　制作 AR Session(EasyAR)预制体

图 4.41　制作 ImageTarget-namecard 预制体

这样我们就完成了预制体的创建工作，方便我们在后续的开发中直接使用它们。

4.1.7 识别图

本节我们来预备识别图，请按照下面的步骤执行操作。

01 在 Unity 编辑器的"项目"窗口中，选中"Assets\Planet Icons\Sprites\"文件夹，如图 4.42 所示。

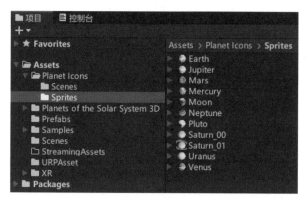

图 4.42　选中"Assets\Planet Icons\Sprites\"文件夹

02 右击，在弹出的快捷菜单中选择"在资源管理器中显示"命令，如图 4.43 所示。

图 4.43　选择"在资源管理器中显示"命令

03 在弹出的 Windows 的资源管理器窗口中双击"Sprites"进入该文件夹，文件夹中的图片如图 4.44 所示。

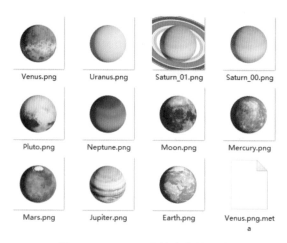

图 4.44　Sprites 文件夹中的图片

04 按住 Ctrl 键，依次单击 Venus.png、Uranus.png、Saturn_01.png、Neptune.png、Mercury.png、Mars.png、Jupiter.png 和 Earth.png 文件，如图 4.45 所示。

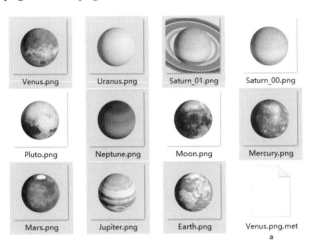

图 4.45　选择图片

05 按组合键 Ctrl+C 将它们复制，然后打开 StreamingAssets 文件夹，按组合键 Ctrl+V 将这些图片粘贴到文件夹中。

我们发现这里面只有八大行星的图片，还缺少太阳的图片，请到随书资源"AR 太阳系配套资源\行星识别图\"中下载并复制到 StreamingAssets 文件夹中。

4.2　AR 地球

本节我们来学习如何使用 Unity 和 EasyAR 在地球的图片上显示地球的模型。

4.2.1　新建场景

01 在 Unity 编辑器中，选择"文件"→"新建场景"命令，如图 4.46 所示。

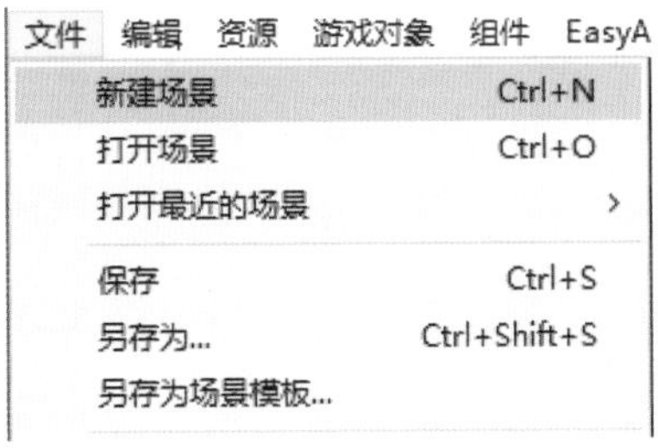

文件	编辑	资源	游戏对象	组件	EasyA
新建场景				Ctrl+N	
打开场景				Ctrl+O	
打开最近的场景				>	
保存				Ctrl+S	
另存为…				Ctrl+Shift+S	
另存为场景模板…					

图 4.46　选择"文件"→"新建场景"命令

02 在弹出的"Scene Templates in Projet"窗口中选择"Basic(URP)"选项，单击右下角的

"Create" 按钮，如图 4.47 所示。

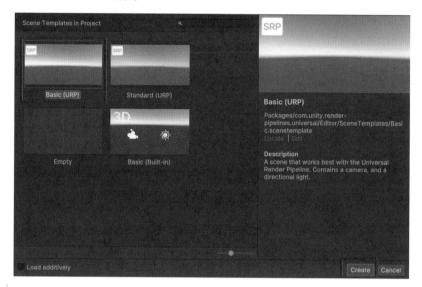

图 4.47　单击右下角的 "Create" 按钮

　　新创建的场景只有 Main Camera 和 Directional Light 两个对象，在 "层级" 窗口中的内容如图 4.48 所示。

03 新创建的场景还没有保存，所以默认名为 Untitled，我们先将其保存一下。按快捷键 Ctrl+S，在弹出的 "保存场景" 对话框中，选择 Scenes 文件夹，然后在 "文件名" 文本框中输入 "MySolarSystem"，如图 4.49 所示，单击 "保存" 按钮。

图 4.48　"层级" 窗口中的内容

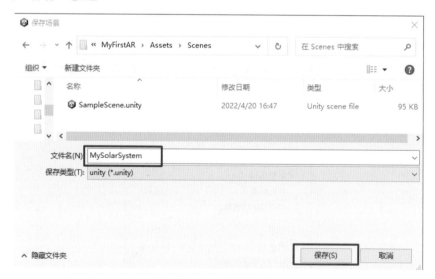

图 4.49　在 "文件名" 文本框中输入 "MySolarSystem"

保存后的场景内容如图 4.50 所示。

图 4.50　保存后的场景内容

4.2.2　添加 EasyAR 对象

01 进入 "Assets\Prefabs\" 文件夹，里面存有我们在前面章节做好的预制体。先选中 AR Session(EasyAR)预制体将其直接拖动到 "层级" 窗口中，然后将 ImageTarget- namecard 预制体拖动到 "层级" 窗口中，对象的添加结果如图 4.51 所示。

02 在 "层级" 窗口中，ImageTarget-namecard 这个名字不方便查看，所以我们将其重命名为 "识别图-地球"，可以在右侧 "检查器" 窗口的对象名字文本框中直接修改，修改结果如图 4.52 所示。

图 4.51　对象的添加结果

图 4.52　修改结果

03 将图中的 "Image Target Controller（脚本）" 组件展开，在 "Image File Source" 栏目的 "路径" 文本框中输入 "Earth.png"，"名称" 文本框中输入 "地球"，如图 4.53 所示。

图 4.53　修改 "Image File Source" 栏目中的参数

04 单击 "Tracker" 参数右侧的圆形按钮，如图 4.53 所示。在 "场景" 选项卡中选择 "Image

Tracker"选项，如图 4.54 所示。

05 将"Transform"组件展开，设置"位置""旋转""缩放"参数，参考值如图 4.55 所示。

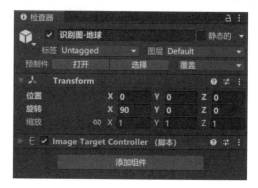

图 4.54　选择"Image Tracker"选项　　　　图 4.55　"Transform"组件中参数的参考值

4.2.3　摄像机参数

01 在"层级"窗口中选中 Main Camera 对象，在右侧的"检查器"窗口中展开"Camera"组件，找到的"环境"栏目，如图 4.56 所示。

02 在"环境"栏目中找到"背景类型"参数，单击其右侧的下拉按钮，在弹出的下拉列表中选择"纯色"选项，如图 4.57 所示。

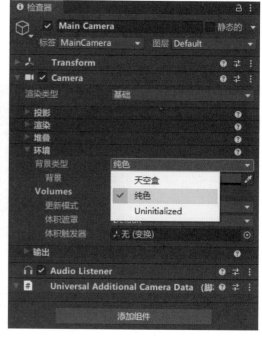

图 4.56　Main Camera 对象的"环境"栏目　　　　图 4.57　选择"纯色"选项

03 单击"背景"参数右侧的颜色条，设置"背景"参数，如图 4.58 所示。

在弹出的"颜色"窗口中，将"R""G""B""A"的值都设置为 0，如图 4.59 所示。

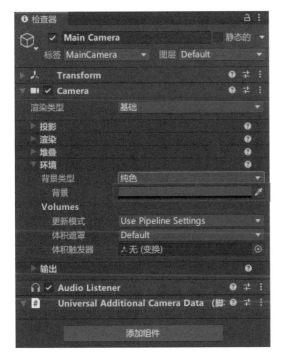

图 4.58　设置"背景"参数　　　　图 4.59　将"R""G""B""A"参数的值设置为 0

4.2.4　添加地球模型

01 在 Unity 编辑器的"项目"窗口中打开"Assets\Planets of the Solar System 3D\Prefabs\"文件夹，找到 Earth 对象，将其拖动到"层级"窗口中，并放置在"识别图-地球"对象下成为其子对象，如图 4.60 所示。

02 保持 Earth 对象处于选中状态，在"检查器"窗口中修改"Transform"组件中相关参数的值，如图 4.61 所示。

图 4.60　添加 Earth 对象　　　　图 4.61　修改"Transform"组件中相关参数的值

这时，"场景"窗口中的显示结果如图 4.62 所示。

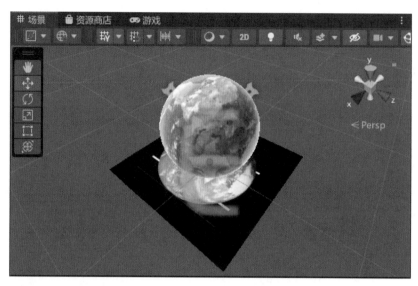

图 4.62　"场景"窗口中的显示结果

03 使用组合键 Ctrl + S 保存 MySolarSystem 场景，单击"播放"按钮运行程序，将 Earth.png 图像放在摄像机前，显示的结果如图 4.63 所示。

图 4.63　显示的结果

4.2.5　设置分辨率

本节我们来学习如何在 Unity 中设置屏幕的分辨率，使其与我们使用的手机的分辨率保持一致。

01 在 Unity 编辑器中，选择"场景"选项右侧的"游戏"选项，然后选择"Free Aspect"选项，将会弹出一个分辨率的下拉列表，如图 4.64 所示。

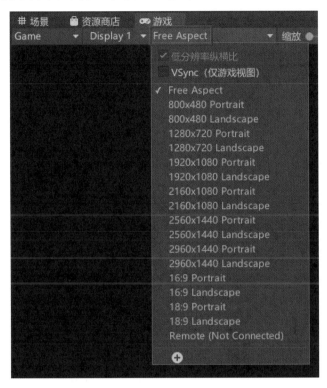

图 4.64　分辨率的下拉列表

　　列表中包含许多常用的分辨率，其中"Portrait"代表竖屏模式，"Landscape"代表横屏模式。请读者查看自己手机的分辨率，从中选择对应的分辨率即可。如果上面的分辨率并不包括自己手机的分辨率，可以单击图中的"+"按钮，弹出"添加"对话框，如图 4.65 所示。

02 在"标签"文本框中输入"我的手机"，在"宽度和高度"右侧的"X"文本框中输入"1080"，在"Y"文本框中输入"2340"，然后单击"确定"按钮，结果如图 4.66 所示。

图 4.65　"添加"对话框

图 4.66　输入结果

03 再次展开下拉列表，在下拉列表中选择"我的手机（1080×2340）"选项，如图 4.67 所示。
　　设置完成后，再次运行程序，可以得到如图 4.68 所示的显示结果。
　　将目前完成的内容发布为 apk 文件，复制到手机内存中安装并运行。

图 4.67 选择"我的手机（1080×2340）"选项　　图 4.68　运行后的显示结果

4.3　AR 七大行星

本节我们学习如何将太阳系中除地球外的其他行星放到"场景"窗口中。

4.3.1　水星（Merucury）

将太阳系中的水星放到场景中，操作步骤如下。

01 在 Unity 编辑器的"层级"窗口中，选中"识别图-地球"对象，使用组合键 Ctrl+D 复制"识别图-地球（1）"对象，如图 4.69 所示。

图 4.69　"识别图-地球（1）"对象

02 将"识别图-地球（1）"对象在"检查器"窗口中重命名为"识别图-水星"，并修改"Transform"

组件中的"位置"参数，如图 4.70 所示。

图 4.70　修改"位置"参数

此时，"场景"窗口中的显示结果如图 4.71 所示。

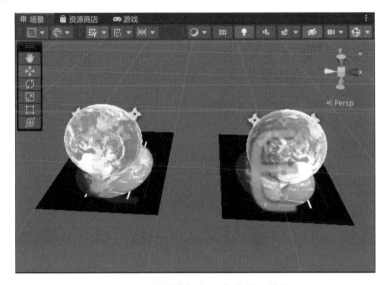

图 4.71　"场景"窗口中的显示结果

03 选中"识别图-水星"对象，在"检查器"窗口中找到"Image Target Controller（脚本）"组件，修改"Image File Source"栏目中的参数，如图 4.72 所示。

图 4.72　修改"Image File Source"栏目中的参数

04 在"层级"窗口中选中"识别图-水星"的子对象 Earth，使用 Del 键将其删除，将"Planets

of the Solar System 3D\ Prefabs\ "文件夹中的 Mercury 对象拖动到"层级"窗口中，然后将 Mercury 对象移动到"识别图-水星"对象下方成为其子对象。

操作完成后，我们发现 Mercury 对象的位置和大小不合适，需要对其进行调整。

05 选中"识别图-地球"对象的子对象 Earth，在"检查器"窗口中找到"Transform"组件，单击该组件右侧的三个竖点按钮，在弹出的列表中选择"复制"→"组件"选项，如图 4.73 所示。

06 选择完成后，列表会自动关闭，我们再次在"层级"窗口中选中"识别图-水星"的子对象 Mercury，然后在"检查器"窗口中找到"Transform"组件，单击该组件右侧的三个竖点按钮，在弹出的列表中选择"粘贴"→"组件值"选项，如图 4.74 所示。

图 4.73　选择"复制"→"组件"选项　　　图 4.74　选择"粘贴"→"组件值"选项

经过上面的操作，Mercury 对象"Transform"组件中参数的值就和 Earth 对象"Transform"组件中参数的值一致了，在"场景"窗口中的显示结果如图 4.75 所示。

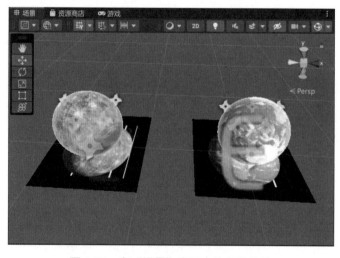

图 4.75　在"场景"窗口中的显示结果

运行程序，将 Mercury.png 图像放置在摄像头前，可以看到水星的模型，如图 4.76 所示。

图 4.76　水星的模型

4.3.2　金星（Venus）

将太阳系中的金星放到场景中，操作步骤如下。

01 在 Unity 编辑器的"层级"窗口中选中"识别图-水星"对象，使用组合键 Ctrl+D 复制"识别图-水星（1）"对象，将其重命名为"识别图-金星"，并修改"Image Target Controller（脚本）"组件中"Image File Source"栏目的参数，如图 4.77 所示。

图 4.77　修改"Image File Source"栏目的参数

02 考虑到太阳系八大行星的排列顺序，水星是距离太阳最近的行星，所以我们在"层级"窗口中选中"识别图-水星"对象，重新设置其"Transform"组件中的"位置"参数，如图 4.78 所示。

图 4.78　设置"位置"参数

03 选中"识别图-金星"对象的子对象 Mercury 并将其删除，将"Planets of the Solar System 3D\Prefabs\"文件夹中的 Venus 对象拖动到"层级"窗口中，然后移动到"识别图-金星"对象下方成为其子对象。

04 按照上一节中学习过的方法，将 Earth 对象的"Transform"组件复制，在 Venus 对象上粘贴。最后，在"场景"窗口中的显示结果如图 4.79 所示。

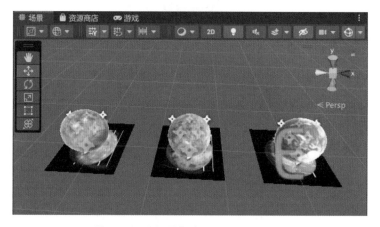

图 4.79　"场景"窗口中的显示结果

图中从左到右的顺序依次为水星、金星、地球。

05 在"层级"窗口中，将"识别图-地球"对象拖动到最下边，与"场景"窗口中的顺序保持一致，如图 4.80 所示。

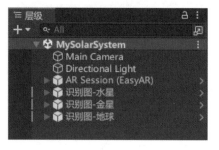

图 4.80　层级窗口的显示内容

06 运行程序，将 Venus.png 图像放置在摄像头前查看效果。

4.3.3　火星（Mars）

将太阳系中的火星放到场景中，操作步骤如下。

01 在 Unity 编辑器的"层级"窗口中选中"识别图-地球"对象，使用组合键 Ctrl+D 复制"识别图-地球（1）"对象，将其重命名为"识别图-火星"，同时修改"Transform"组件中的"位置"参数和"Image Target Controller（脚本）"组件中"Image File Source"栏目的参数，修改结果如图 4.81 所示。

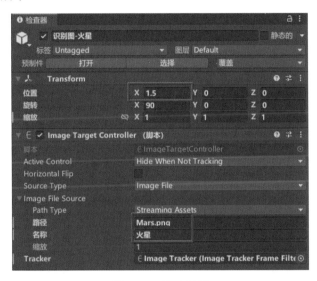

图 4.81　修改结果

02 将"识别图-火星"对象的子对象 Earth 删除，将"Planets of the Solar System 3D\Prefabs\"文件夹中的 Mars 对象拖动到"层级"窗口中，然后移动到"识别图-火星"对象下方成为其子对象。

03 将 Earth 对象的"Transform"组件复制，然后在 Mars 对象上粘贴，最后，火星在"场景"窗口中的显示结果如图 4.82 所示。

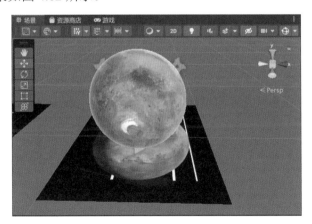

图 4.82　火星在"场景"窗口中的显示结果

04 运行程序，将 Mars.png 图像放置在摄像头前查看效果。

4.3.4 木星（Jupiter）

将太阳系中的木星放到场景中，操作步骤如下。

01 在 Unity 编辑器的"层级"窗口中选中"识别图-火星"对象，使用组合键 Ctrl+D 复制"识别图-火星（1）"对象，将其重命名为"识别图-木星"，同时修改"Transform"组件中的"位置"参数和"Image Target Controller（脚本）"组件中"Image File Source"栏目的参数，修改结果如图 4.83 所示。

图 4.83 修改结果

02 将"识别图-木星"对象的子对象 Mars 删除，将"Planets of the Solar System 3D\Prefabs\"文件夹中的 Jupiter 对象拖动到"层级"窗口中，然后移动到"识别图-木星"对象下方成为其子对象。

03 将 Earth 对象的"Transform"组件复制，然后在 Jupiter 对象上粘贴，最后，水星在"场景"窗口中的显示结果如图 4.84 所示。

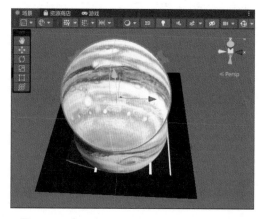

图 4.84 木星在"场景"窗口中的显示结果

04 运行程序，将 Mars.png 图像放置在摄像头前查看效果。

4.3.5　土星（Saturn）

将太阳系中的土星放到场景中，操作步骤如下。

01 在 Unity 编辑器的"层级"窗口中选中"识别图-木星"对象，使用组合键 Ctrl+D 复制"识别图-木星（1）"对象，将其重命名为"识别图-土星"，同时修改"Transform"组件中的"位置"参数和"Image Target Controller（脚本）"组件中"Image File Source"栏目的参数，修改结果如图 4.85 所示。

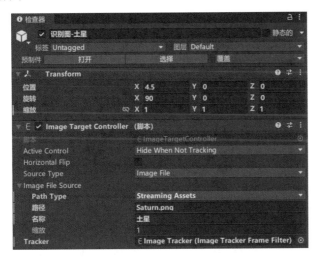

图 4.85　修改结果

02 将"识别图-土星"对象的子对象 Jupiter 删除，将"Planets of the Solar System 3D\Prefabs\"文件夹中的 Saturn 对象拖动到"层级"窗口中，然后移动到"识别图-土星"对象下方成为其子对象。

03 将 Earth 对象的"Transform"组件复制，然后在 Saturn 对象上粘贴，最后，土星在"场景"窗口中的显示结果如图 4.86 所示。

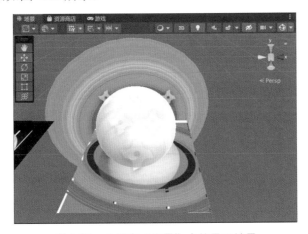

图 4.86　土星在"场景"中的显示结果

04 运行程序，将 Saturn.png 图像放置在摄像头前查看效果。

4.3.6　天王星（Uranus）

将太阳系中的天王星放到场景中，操作步骤如下。

01 在 Unity 编辑器的"层级"窗口中选中"识别图-土星"对象，使用组合键 Ctrl+D 复制"识别图-土星（1）"对象，将其重命名为"识别图-天王星"，同时修改"Transform"组件中的"位置"参数和"Image Target Controller（脚本）"组件中"Image File Source"栏目的参数，修改结果如图 4.87 所示。

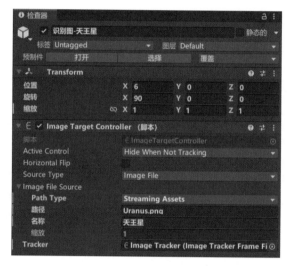

图 4.87　修改结果

02 将"识别图-天王星"对象的子对象 Saturn 删除，将"Planets of the Solar System 3D\ Prefabs\"文件夹中的 Uranus 对象拖动到"层级"窗口中，然后移动到"识别图-天王星"对象下方成为其子对象。

03 将 Earth 对象的"Transform"组件复制，然后在 Uranus 对象上粘贴，最后，天王星在"场景"窗口中的显示结果如图 4.88 所示。

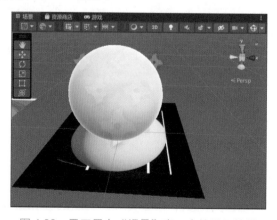

图 4.88　天王星在"场景"窗口中的显示结果

04 运行程序，将 Uranus.png 图像放置在摄像头前查看效果。经过测试我们发现，该识别图无法显示出天王星的模型，出现这种情况的原因是 Uranus.png 图像的色彩变化不够丰富，因此图像的特征点较少，无法满足 EasyAR 正确识别的要求。读者可以将本书提供的"AR 教材配套资源\行星识别图\"中的 Uranus.png 图片复制到 StreamingAssets 文件夹中，替换原来的图片。

4.3.7　海王星（Neptune）

将太阳系中的海王星放到场景中，操作步骤如下。

01 在 Unity 编辑器的"层级"窗口中选中"识别图-天王星"对象，使用组合键 Ctrl+D 复制"识别图-天王星（1）"对象，将其重命名为"识别图-海王星"，同时修改"Transform"组件中的"位置"参数和"Image Target Controller（脚本）"组件中"Image File Source"栏目的参数，修改结果如图 4.89 所示。

图 4.89　修改结果

02 将"识别图-海王星"对象的子对象 Uranus 删除，将"Planets of the Solar System 3D\Prefabs\"文件夹中的 Neptune 对象拖动到"层级"窗口中，然后移动到"识别图-海王星"对象下方成为其子对象。

03 将 Earth 对象的"Transform"组件复制，然后在 Neptune 对象上粘贴，最后，海王星在"场景"窗口中的显示结果如图 4.90 所示。

04 运行程序，将 Mars.png 图像放置在摄像头前查看效果。同天王星的情况一样，海王星的模型也没有正确显示出来，所以，请将本书提供的"AR 教材配套资源\行星识别图\"中的 Neptune.png 图片复制到 StreamingAssets 文件夹中，替换原来的图片。

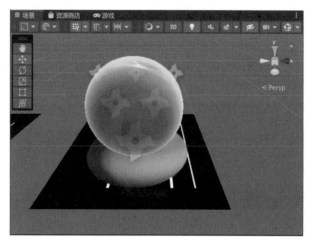

图 4.90　海王星在"场景"窗口中的显示结果

4.3.8　发布 apk

01 保存 MySolarSystem 场景，MySolarSystem 场景中的内容如图 4.91 所示。

图 4.91　MySolarSystem 场景中的内容

此时，"场景"窗口中的显示结果如图 4.92 所示。

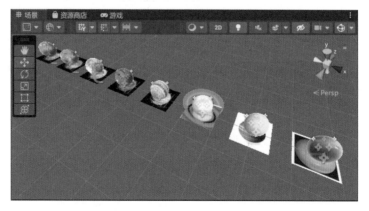

图 4.92　"场景"窗口中的显示结果

02 选择"文件"→"生成设置"命令，在弹出的窗口中，将原来的 Scenes/SampleScene 场景删除，然后单击"添加已打开场景"按钮，将 MySolarSystem 场景添加到"Build 中的场景"列表框中，如图 4.93 所示。

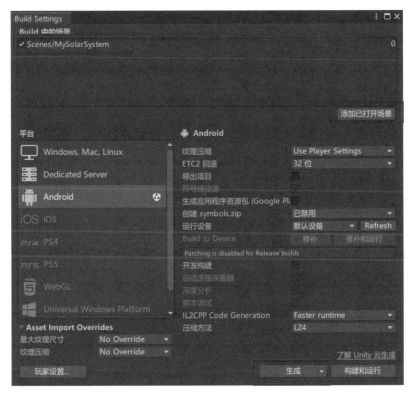

图 4.93　将 MySolarSystem 场景添加到"Build 中的场景"列表框中

03 单击"生成"按钮，按照前面学习过的方法发布为 apk 文件，然后安装到手机上运行测试。

4.4　行星名字

本节我们将学习在屏幕上显示每颗行星的中文和英文名字，并且可以通过一个按钮进行中英文切换。

4.4.1　中文名字

前面的章节我们实现了摄像头扫描各个行星的识别图显示行星模型的功能。从科普的角度来说，我们还应该在显示每颗行星的时候，将其名字显示在屏幕上，以供使用者学习，请按照下面的步骤执行操作。

01 在屏幕上显示名字需要使用 Unity 编辑器提供的 UI 系统。选择"游戏对象"→"UI"→"旧版"→"文本"命令，如图 4.94 所示。

图 4.94　选择"游戏对象"→"UI"→"旧版"→"文本"命令

　　这样，Unity 会为我们创建一个 Canvas 对象和一个 Text(Legacy)对象，其中，Text(Legacy) 对象是 Canvas 对象的子对象。

02 选中 Canvas 对象，在"检查器"窗口中找到"Canvas Scaler"组件，将"UI 缩放模式"参数修改为"屏幕大小缩放"，如图 4.95 所示。

图 4.95　将"UI 缩放模式"参数修改为"屏幕大小缩放"

03 将"屏幕匹配模式"参数修改为"Expand",如图 4.96 所示。

其他参数保持默认不变,最终结果如图 4.97 所示。

图 4.96　将"屏幕匹配模式"参数修改为"Expand"　图 4.97　"Canvas Scaler"组件中参数的最终结果

04 选中 Text(Legacy)对象,首先将其重命名为"行星名字",然后在"检查器"窗口中展开"Rect Transform"组件,单击左侧的对齐方式按钮,在弹出来的"锚点预设"列表中选择 top-Center 选项,如图 4.98 所示。

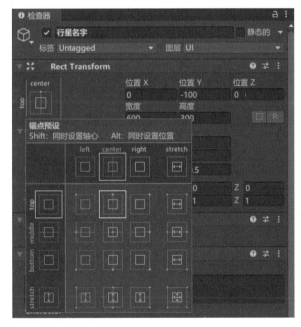

图 4.98　选择 top-Center 选项

05 修改"位置 X""位置 Y""宽度""高度"参数,具体数值如图 4.99 所示。

图 4.99　"Rect Transform"组件中参数的具体数值

06 找到"Text"组件，在"文本"文本框中输入"天王星"，在"字体大小"文本框输入"150"，在"对齐"右侧的两组按钮中单击每组按钮中间的按钮，在"颜色"右侧的颜色框中选择白色，如图 4.100 所示。

图 4.100 "Text"组件的相关参数

通过上面的操作，我们就在屏幕上创建了一个用来显示文字的 UI 对象。接下来我们来创建一个 C#脚本对 UI 对象进行控制，请按照下面的步骤执行操作。

01 在"项目"窗口中选中 Assets 文件夹并右击，在弹出来的快捷菜单中选择"创建"→"文件夹"命令，将新创建的文件夹重命名为"Scripts"。

02 双击 Scripts 进入该文件夹，选择"资源"→"创建"→"C#脚本"命令，如图 4.101 所示。

图 4.101 选择"资源"→"创建"→"C#脚本"命令

Unity 会帮我们创建一个默认名为 NewBehaviorScripts 的 C#脚本文件，我们将其重命名为"Planet"，如图 4.102 所示。

图 4.102 Planet 脚本文件

03 双击该文件，系统会自动调用 Visual Studio 2019 打开该文件，我们对文件中的内容进行编写，最终的结果如下：

```
using System.Collections;
using System.Collections.Generic;
using UnityEngine;
using UnityEngine.UI;
namespace MySolarSystem
{
    public class Planet : MonoBehaviour
    {
        public string planetName;      //行星的名字
        public Text textUI;            //显示行星名字的文本
        private void OnEnable()
        {
            textUI.text = planetName; //显示行星名字的文本内容 = 行星名字
        }
        private void OnDisable()
        {
            textUI.text = null;        //显示行星名字的文本内容 = null
        }
    }
}
```

> **说明**
>
> 　　首先我们添加了一个命名空间 MySolarSystem，然后将 Start()和 Update()方法删除，因为暂时用不到这两个方法。接着添加了两个 MonoBehaviour 自带的 OnEnable()方法和 OnDisable()方法。OnEnable()方法在对象变为激活状态的时候调用一次，OnDisable()方法在对象变为非激活状态时候调用一次。

04 回到 Unity 编辑器中，先选中"识别图-水星"对象的子对象 Mercury，将 Planet 脚本拖动到"检查器"窗口中，为 Mercury 对象添加"Planet（脚本）"组件，如图 4.103 所示。

图 4.103　为 Mercury 对象添加"Planet（脚本）"组件

05 在"Planet（脚本）"组件中，在"Planet Name"文本框中输入"水星"，然后将"层级"窗口中的 Canvas 对象的子对象"行星名字"拖动到 Mercury 对象的"检查器"窗口中"Planet（脚本）"组件的"Text UI"插槽中，如图 4.104 所示。

图 4.104　将"行星名字"对象拖动到 Mercury 对象的"Text UI"插槽中

06 运行程序，将 Mercury.png 图像放置在摄像头前，可以看到屏幕上方显示水星模型的同时，也显示了文字"水星"。当图像离开摄像头后，水星模型消失的同时，文字"水星"也随之消失了。

07 在"检查器"窗口中单击"Planet（脚本）"组件右侧的三个竖点按钮，在弹出的列表中选择"复制组件"选项，如图 4.105 所示。

08 在"层级"窗口中，按住 Ctrl 键，选中 Venus、Earth、Mars、Jupiter、Saturn、Uranus 和 Neptune 对象，如图 4.106 所示。

图 4.105　选择"复制组件"选项

图 4.106　选中其他行星对象

09 在右侧的"检查器"窗口中，单击"Transform"组件右侧的三个竖点按钮，在弹出的列表中选择"粘贴"→"作为新组件"选项，如图 4.107 所示。

图 4.107　选择"粘贴"→"作为新组件"选项

通过上面的操作，每一个行星对象身上都添加了"Planet（脚本）"组件。然后将每个行星的"Planet Name"参数修改为该行星的名字。

最后，运行程序进行测试。如果操作都没有问题，可以看到在每颗行星出现的时候，都会在屏幕上方显示该行星的中文名字。

4.4.2　名字底图

本节我们来为显示行星名字添加一个底图，从而达到更好的视觉效果。在这里推荐使用官方资源商城的一款名为 Buttons Set 的免费资源，读者可以去官方网站资源商城下载，也可以在本书的随书资源"AR 教材配套资源\资源\"文件夹中里找到该资源。该资源如图 4.108 所示。

图 4.108　Buttons Set 资源

01 将 Buttons Set 资源导入我们的项目，如图 4.109 所示。

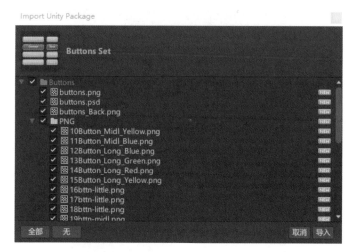

图 4.109　将 Buttons Set 资源导入项目

02 在"层级"窗口中选中 Canvas 对象并右击，在弹出的菜单中选择"UI"→"图像"命令，如图 4.110 所示。

图 4.110　选择"UI"→"图像"命令

此时，Unity 会为我们创建一个默认名为 Image 的对象，然后我们将其重命名为"文字底图"，如图 4.111 所示。

图 4.111　将"Image"对象重命名为"文字底图"

03 在"检查器"窗口中，将"Rect Transform"组件中的"锚点预设"参数与"行星名字"对
象的"锚点预设"参数设置为一致，如图 4.112 所示。

其他参数设置如图 4.113 所示。

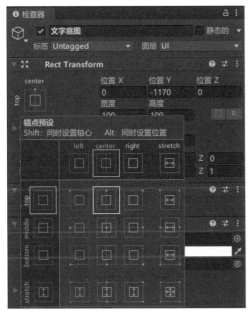

图 4.112　设置"锚点预设"参数

图 4.113　其他参数设置

04 在"Image"组件下找到"源图像"参数，单击右侧的圆形图标，将会弹出"Select Sprite"
窗口，我们前面导入资源包的 UI 图片都在这里，如图 4.114 所示。

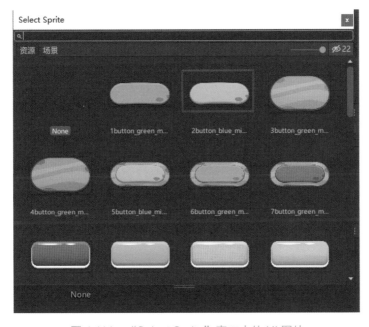

图 4.114　"Select Sprite"窗口中的 UI 图片

05 选择一个喜欢的图片，本书中选择图中标记出来的图片。

此时我们会发现文字被这个图片挡住了，我们只需在"层级"窗口中的 Canvas 对象下，调整"文字底图"对象和"行星文字"对象的位置，将"文字底图"对象放在上面，"行星名字"对象放在下面即可，如图 4.115 所示。

图 4.115　调整"文字底图"对象和"行星名字"对象的位置

> **说明**
>
> Unity 在绘制 UI 对象时，先绘制排在上面的对象，再绘制排在下面的对象。

接下来我们编写一些代码来控制"文字底图"对象的显示和隐藏。打开 Planet.cs 文件，编写代码，新增加的代码使用粗体+斜体显示，最终的内容如下：

```
using System.Collections;
using System.Collections.Generic;
using UnityEngine;
using UnityEngine.UI;
namespace MySolarSystem
{
    public class Planet : MonoBehaviour
    {
        public string planetName;      //行星的名字
        public Text textUI;            //显示行星名字的文本
        public Image imageBottom;      //"文字底图"对象
        private void OnEnable()
        {
            textUI.text = planetName; //显示行星名字的文本内容 = 行星名字
            imageBottom.gameObject.SetActive(true);   //显示"文字底图"对象
        }

        private void OnDisable()
        {
            textUI.text = null;        //显示行星名字的文本内容 = null
            imageBottom.gameObject.SetActive(false); //隐藏"文字底图"对象
        }
    }
}
```

保存代码，回到 Unity 编辑器，请按照下面的步骤执行操作。

01 选中 Mercury 对象，在"检查器"窗口中找到"Planet（脚本）"组件，发现下面新增加了一个"Image Bottom"参数，如图 4.116 所示。

02 单击"Image Bottom"参数右侧的圆形按钮，在弹出的列表中选择"文字底图"选项，如图 4.117 所示。

03 "Planet（脚本）"组件的内容如图 4.118 所示。

图 4.116　"Image Bottom"参数　　　　　图 4.117　选择"文字底图"选项

图 4.118　"Planet（脚本）"组件的内容

04 对其他行星对象，包括 Venus、Earth、Mars、Jupiter、Saturn、Uranus 和 Neptune 对象的"Planet（脚本）"组件的 Image Bottom 参数都选择"文字底图"选项。

05 运行程序，将 Mercury.png 图像放置在摄像头前，显示结果如图 4.119 所示。

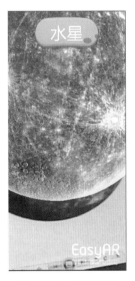

图 4.119　显示结果

06 依次使用其他行星的图片进行测试，确保运行的结果正确。

4.4.3　英文名字

本节我们来学习添加行星的英文名字，并添加一个按钮，通过单击这个按钮可以进行中英文的切换，请按照下面的步骤执行操作。

01 首先添加一个按钮，在"层级"窗口中选择 Canvas 对象并右击，在弹出的菜单中选择"UI" → "旧版" → "按钮"命令，如图 4.120 所示。

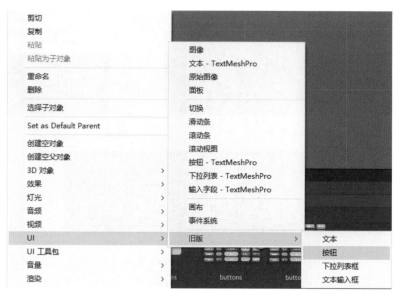

图 4.120　选择"UI" → "旧版" → "按钮"命令

Unity 会为我们在 Canvas 对象下创建一个默认名为 Button(Legacy)的按钮类型的对象。选中该对象，将其重命名为"中英文切换按钮"，在"检查器"窗口中，将"Rect Transform"组件的"锚点预设"参数设置为 top-right 模式，如图 4.121 所示。

02 修改其他参数，参考值如图 4.122 所示。

03 在"Image"组件中，找到"源图像"参数，单击"UISprite"右侧的圆形按钮，在"Select Sprite"窗口中选择一个喜欢的图片，如图 4.123 所示。

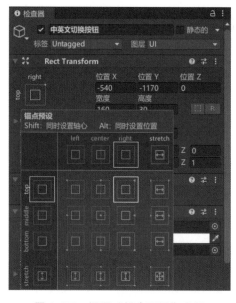

图 4.121　设置"锚点预设"参数

图 4.122　"Rect Transform"组件其他参数的参考值

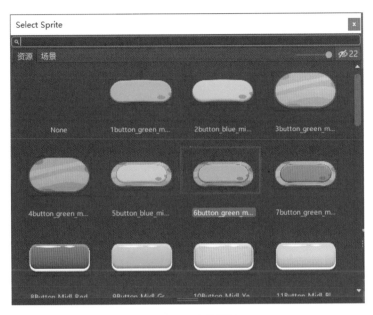

图 4.123　选择图片

04 选中"中英文切换按钮"对象的子对象 Text(Legacy)，将其重命名为"按钮文本框"，然后在"检查器"窗口中找到"Text"组件，修改部分参数的值，如图 4.124 所示。

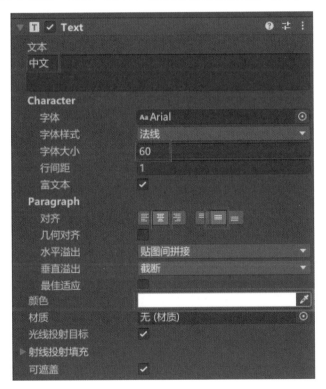

图 4.124　修改"Text"组件中部分参数的值

完成上述的操作后，"场景"窗口中的显示结果如图 4.125 所示。

图 4.125　"场景"窗口中的显示结果

该按钮应该在摄像头扫描到识别图时显示,识别图离开时隐藏。

接下来我们需要编写代码来实现中英文切换功能。使用 Visual Studio 2019 打开 Planet.cs 文件,添加一些新的代码,新增加的代码使用粗体+斜体显示,最终的内容如下:

```csharp
using System.Collections;
using System.Collections.Generic;
using UnityEngine;
using UnityEngine.UI;
namespace MySolarSystem
{
    public class Planet : MonoBehaviour
    {
        public string[] planetName;                //行星的名字
        public Text textUI;                        //显示行星名字的文本
        public Image imageBottom;                  //"文字底图"对象
        public static int language;                //代表当前的语言,0-中文,1-英文
        public GameObject button_SelectLan;        //"中英文切换按钮"对象
        public Text lan;                           //中英文切换按钮中的文字文本框

        private void OnEnable()
        {
            textUI.text = planetName[language];        //显示行星名字的文本内容 = 对应的中文或英文
            imageBottom.gameObject.SetActive(true);    //显示"文字底图"对象
            button_SelectLan.SetActive(true);          //显示"中英文切换按钮"对象
        }
        private void OnDisable()
        {
            textUI.text = null; //显示行星名字的文本内容 = null
            imageBottom.gameObject.SetActive(false); //隐藏"文字底图"对象
```

```
        button_SelectLan.SetActive(false);          //隐藏"中英文切换按钮"对象
    }

    public void SelectLanguage() //【方法】：选择语言
    {
        if(language == 0)          //如果当前是中文
        {
            language = 1;          // 改成英文
            lan.text = "英文";      //按钮的文本内容为"英文"
        }
        else
        {
            language = 0;
            lan.text = "中文";      //按钮的文本内容为"中文"
        }
textUI.text = planetName[language];
    }
  }
}
```

> **说明**
>
> 　　之前声明的 planetName 是一个字符串类型的变量，这里将其修改为字符串类型的数组，用来保存中文名字和英文名字。在后面又定义了一个 SelectLanguage()的方法，用来实现中英文切换功能。

　　接下来，回到 Unity 编辑器，请按照下面的步骤执行操作。

01 在"层级"窗口中选择 Mercury 对象，在右侧的"检查器"窗口中找到"Planet（脚本）"组件，发现其内容增加了两项，"Planet Name"参数也发生了变化，如图 4.126 所示。

图 4.126　"Planet（脚本）"组件的新增内容

02 设置"Planet Name"参数。在"Planet Name"文本框中输入"2",然后单击"Planet Name"参数左侧的三角形按钮将"Planet Name"栏目展开,如图 4.127 所示。

03 输入如图 4.128 所示的内容。

图 4.127　将"Planet Name"栏目展开

图 4.128　输入的内容

其中,"元素 0"文本框中输入行星的中文名字,"元素 1"文本框中输入行星的英文名字。参考水星,将其他行星的中英文名字也输入"Planet Name"栏目中。

04 在"层级"窗口中,将 Canvas 对象下的"中英文切换按钮"对象拖动到"Button_Select Lan"插槽中。使用同样的操作方法,将"按钮文本框"对象拖动到"Lan"插槽中,设置结果如图 4.129 所示。

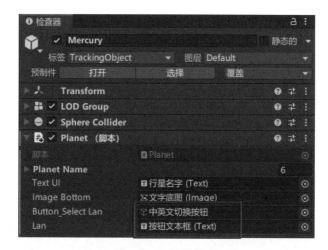

图 4.129　设置结果

05 与上面的方法相同,将其他行星的"Planet(脚本)"组件也进行上述设置。

接下来,我们在"层级"窗口中为这八大行星的识别图创建一个名为"太阳系"的父对象,这样方便我们对场景进行管理,请按照下面的步骤执行操作。

01 选择"游戏对象"→"创建空对象"命令,如图 4.130 所示。

游戏对象	组件	EasyAR	Jobs	窗口	Help
创建空对象					Ctrl+Shift+N
创建空子对象					Alt+Shift+N
创建空父对象					Ctrl+Shift+G

图 4.130　选择"游戏对象"→"创建空对象"命令

Unity 会在"层级"窗口中创建一个默认名为 GameObject 的空对象,选中该对象,将其重命名为"太阳系"，如果其位置不在坐标原点，就单击"Transform"组件右侧的三个竖点按钮，在弹出的下拉列表中选择"重置"选项，如图 4.131 所示。

图 4.131　选择"重置"选项

选择该选项后，"Transform"组件中的参数如图 4.132 所示。

图 4.132　"Transform"组件中的参数

02 使用 Shift 键和鼠标左键，先单击"识别图-水星"对象，再单击"识别图-海王星"对象，系统会将这八个对象全部选中，将它们拖动到"太阳系"对象下成为"太阳系"对象的子对象，如图 4.133 所示。

图 4.133　将行星对象设置为"太阳系"对象的子对象

03 在"层级"窗口中选中"中文切换按钮"对象，在右侧的"检查器"窗口中找到"Button"组件的"鼠标单击()"列表框，单击右下角的"+"按钮，如图 4.134 所示。

图 4.134　单击"鼠标单击()"列表框右下角"+"按钮

操作后的"鼠标单击()"列表框如图 4.135 所示。

04 将"层级"窗口中的"太阳系"对象拖动到图中的"无（对象）"插槽中，如图 4.136 所示。

图 4.135　操作后的"鼠标单击()"列表框　　图 4.136　将"太阳系"对象拖动到"无（对象）"插槽中

05 选择"No Function"选项，在弹出的列表中选择"GameObject"→"BroadcastMessage(String)"选项，如图 4.137 所示。

图 4.137　选择"GameObject"→"BroadcastMessage(string)"选项

06 在出现的文本框中输入"SelectLanguage"，如图 4.138 所示。

图 4.138　输入"SelectLanguage"

　　BroadcastMessage()方法的接收对象及其所有子对象都会调用指定的方法,这里相当于"太阳系"对象及其所有子对象都将调用 SelectLanguage()方法,该方法是在 Planet.cs 中定义的。

　　完成上面的操作后,运行程序,以地球为例,单击中英文的切换按钮可以切换显示中文或英文的行星名字,如图 4.139 所示。

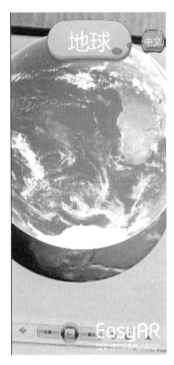

图 4.139　中英文切换按钮运行结果

07 将当前完成的内容发布为 apk 文件,安装到手机上运行以查看效果。

4.5　播放语音

　　本节我们来丰富一下 AR 应用的功能,为 AR 应用添加每个行星名字对应的中英文语音,并在屏幕上添加一个语音播放按钮,当单击按钮的时候,播放中文或英文语音。

4.5.1　制作中文语音

　　根据 AR 应用的功能需求,我们需要制作八大行星中英文名字的语音文件。我们可以自己录音来完成这项任务,也可以通过软件生成语音文件。本书推荐读者使用格式工厂进行文字转声音,格式工厂官方网站的首页如图 4.140 所示。

图 4.140　格式工厂官方网站的首页

01 单击"立即下载"按钮将格式工厂的安装文件下载到本地硬盘。此外,本书的随书资源"AR 教材配套资源\工具\"文件夹中也为读者提供了下载好的安装文件。

02 运行格式工厂的安装文件,按照系统提示进行安装,完成后将显示"安装完成"窗口如图 4.141 所示。

图 4.141　"安装完成"窗口

03 单击"立即体验"按钮运行格式工厂,进入格式工厂的编辑窗口,如图 4.142 所示。

图 4.142　格式工厂的编辑窗口

04 在窗口左侧的列表中选择"音频"选项，如图 4.142 所示。在"音频"列表中找到"Text->Wav"
　　按钮，如图 4.143 所示。

05 单击"Text->Wav"按钮，弹出"Text->Wav"窗口，如图 4.144 所示。

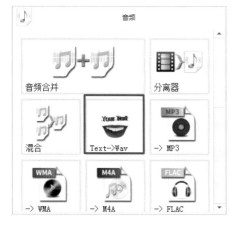

图 4.143　"Text->Wav"按钮

图 4.144　"Text->Wav"窗口

　　其中，左下角是音频文件保存的位置，单击"添加文本"按钮，会弹出一个文本输入窗口，
输入"水星"，如图 4.145 所示。

06 单击图中的"Speak"按钮，可以听到文本转换的声音，再单击"确定"按钮，此时的
　　"Text->Wav"窗口如图 4.146 所示。

图 4.145　输入"水星"

图 4.146　添加文本后的"Text->Wav"窗口

07 继续单击"添加文本"按钮，输入其他七大行星的中文名字，此时的"Text->Wav"窗口
　　如图 4.147 所示。

08 单击"确定"按钮，进入转换窗口，如图 4.148 所示。

09 单击"开始"按钮，格式工厂会将文本转换为音频文件，转换完成后的窗口如图 4.149
　　所示。

图 4.147 输入其他行星的中文名字后的 "Text->Wav" 窗口

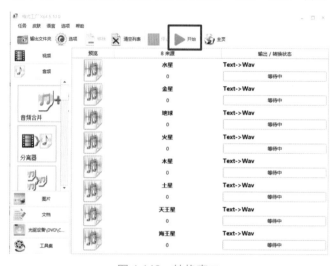

图 4.148 转换窗口

图 4.149 转换完成后的窗口

默认的保存位置在"E:\FFOutput\"文件夹中，进入该文件夹，可以看到八大行星的音频文件，如图 4.150 所示。

图 4.150　八大行星的音频文件

4.5.2　播放中文语音

回到 Unity 编辑器中，请按照下面的步骤执行操作。

01 在"项目"窗口中选中 Assets 文件夹并右击，在弹出的菜单中选择"创建"→"文件夹"命令，然后将新创建的文件夹重命名为"Audios"。

02 进入 Audios 文件夹，再新建两个空文件夹，将一个重命名为"中文语音"，另一个重命名为"英文语音"，如图 4.151 所示。

03 进入"中文语音"文件夹，将前面制作好的音频文件拖动到该文件夹中，如图 4.152 所示。

图 4.151　"中文语音"文件夹和"英文语音"文件夹　　图 4.152　将音频文件拖动到"中文语音"文件

04 以水星为例，我们的需求是当水星显示出来的同时听到水星的中文语音。在 Unity 中，如果一个对象能够发出声音，需要为这个对象添加一个名为"Audio Source"的组件。在"层级"窗口中选中 Mercury 对象，在右侧的"检查器"窗口中，单击"添加组件"按钮，如图 4.153 所示。

图 4.153　单击"添加组件"按钮

05 在弹出的搜索框中输入"audiosource"（搜索的时候不区分大小写），然后在搜索结果中选择"Audio Source"选项，如图 4.154 所示。

图 4.154　搜索"Audio Source"组件

添加完成后，"检查器"窗口中会增加一个"Audio Source"组件，如图 4.155 所示。

06 将"Assets\Audios\中文语音\"文件夹中的"水星"音频拖动到"AudioClip"插槽中，如图 4.156 所示。

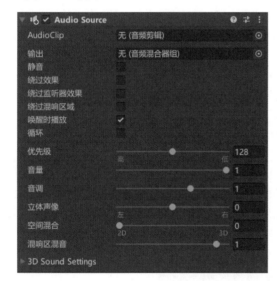

图 4.155　"Audio Source"组件

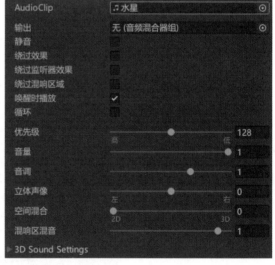

图 4.156　将"水星"音频拖动到"AudioClip"插槽中

说明

　　"Audio Source"组件的功能相当于一个音频播放器，而"AudioClip"参数指定的音频文件就是将要播放的音频文件。

　　完成上述操作后，我们来测试一下。运行程序，将 Mercury.png 图像放置到摄像头前，可以听到"水星"的声音，当我们将识别图移开再移回来的时候，仍然能够听到"水星"的声音，这是因为在"Audio Source"组件中勾选了"唤醒时播放"复选框。

07 为其他的行星添加"Audio Source"组件，然后将各自的音频文件拖入"AudioClip"插槽中，
操作完成后进行测试。

经过上面的操作，我们就实现了中文语音的播放功能。

4.5.3　制作英文语音

接下来，我们来实现英文语音的播放功能。我们先制作行星英文的音频文件，制作的方法
仍然使用前面用到的格式工厂，读者也可以在随书资源"AR 教材配套资源\音频\行星英文名
字\"文件夹中找到做好的音频文件。

将八大行星名字的英文音频文件拖动到"Assets\Audios\英文语音\"文件夹中，如
图 4.157 所示。

图 4.157　将行星的英文音频文件拖动到"英文语音"文件夹中

4.5.4　播放英文语音

实现中英文语音的切换，需要通过代码控制才能完成。所以，我们需要创建一个新的 C#
脚本用来控制音频文件的播放，请按照下面的步骤执行操作。

01 在 Unity 编辑器的"项目"窗口打开 Assets\Scripts\文件夹，右击并选择"创建"→"C#脚
本"命令，将新建的 C#脚本文件重命名为"Audio"。

02 双击该文件，使用 Visual Studio 2019 打开该文件，编写代码，最终的内容如下：

```csharp
using System.Collections;
using System.Collections.Generic;
using UnityEngine;
namespace MySolarSystem
{
    public class Audio : MonoBehaviour
    {
        public AudioSource audioSource;
        public AudioClip[] audios;
        private void OnEnable()
        {
            if (Planet.language == 0)
```

```
        {
            audioSource.clip = audios[0];
        }
        else
        {
            audioSource.clip = audios[1];
        }
    }
  }
}
```

03 回到 Unity 编辑器,在"层级"窗口中选中 Mercury 对象,将 Audio.cs 脚本拖动到 Mercury 对象的"检查器"窗口中,为 Mercury 对象添加"Audio(脚本)"组件,如图 4.158 所示。

04 将"检查器"窗口中的"Audio Source"组件直接拖动到"音频源"插槽中。再将"Audios"参数设置为"2",将水星的中文音频拖入"元素 0"插槽中,同时将水星的英文音频拖动到"元素 1"插槽中,设置结果如图 4.159 所示。

图 4.158　为 Mercury "对象"添加
"Audio(脚本)"组件

图 4.159　设置结果

05 完成上述步骤后,我们先测试一下。运行程序,将 Mercury.png 图像放置在摄像头前,然后单击"中文"按钮切换到"英文"模式,将识别图移开后再移回来,可以听到水星的英文语音。

　　经过反复测试,我们发现,虽然中英文语音播放的基本功能实现了,但是存在一点问题,就是在我们切换语言的时候,文字虽然变化了,但是没有语音播放。所以,一个比较符合逻辑的做法是在切换语的同时,播放相应的语音。

　　为了实现这个功能,我们需要在 Planet.cs 文件中添加一些代码。只需要在 SelectLanguage() 方法中添加 3 行代码即可,其他代码不做修改,新增加的代码采用粗体+斜体来表示,最终内容如下:

```
public void SelectLanguage()          //【方法】：选择语言
    {
        if(language == 0)             //如果当前是中文
        {
            language = 1;             // 改成英文
            lan.text = "英文";        //按钮的文本内容为"英文"
        }
        else
        {
            language = 0;
            lan.text = "中文";        //按钮的文本内容为"中文"
        }
        textUI.text = planetName[language];
        var audioSource = GetComponent<AudioSource>();     //保存"Audio
Source"组件
        audioSource.clip = GetComponent<Audio>().audios[language];  //设置
clip音频
        audioSource.Play();           //播放音频
    }
```

06 再次进行测试，已经实现了我们需要的功能。

水星的功能顺利实现后，为其他七颗行星对象也添加"Audio（脚本）"组件，并指定与行星相应的内容。全部操作完成后，再次运行程序并对每一颗行星进行测试。

> **说明**
>
> 在为许多对象添加某个功能的时候，比较好的方法是对其中的一个对象进行测试，这样出现问题也很好解决。等所有的需求在该对象上正确地实现了，再扩展到其他对象。

4.6　中文知识小百科

本节我们来为 AR 应用添加一些更有趣的科普知识。对于每一颗行星，App 都应该给用户展示一些基础的科普知识，如自转周期、公转周期、卫星数量等，为了实现这个功能，我们来设计一个知识小百科窗口，在窗口中显示这些知识，这个窗口只有当我们在屏幕上点击行星模型时才会显示，并且在窗口上提供一个"确定"按钮关闭该面板。

4.6.1　窗口方案设计

知识小百科窗口应该由以下几种元素构成：一个背景图片，一个标题，一个"确定"按钮，以及文字区域，知识小百科窗口的设计方案如图 4.160 所示。

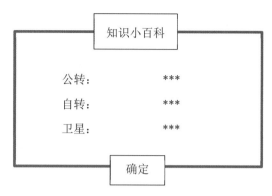

图 4.160　知识小百科窗口的设计方案

4.6.2　窗口制作

制作窗口需要一些合适的素材，本书选取了 Unity 官方资源商城中的一款免费资源，如图 4.161 所示。

图 4.161　Fantasy Wooden GUI:Free 资源包

读者可以登录资源商店，然后搜索该资源，并将其添加到自己的资源中。为了方便读者学习，该资源也放在了随书资源"AR 教材配套资源\资源"文件夹中。接下来，请按照下面的步骤执行操作。

01 将 Fantasy Wooden GUI:Free 资源包导入项目，如图 4.162 所示。

02 在"层级"窗口中选中 Canvas 对象并右击，在弹出的菜单中选择"UI"→"图像"命令，Unity 将会在 Canvas 对象下创建一个默认名为 Image 的子对象。

03 将该子对象重命名为"小百科窗口"，如图 4.163 所示。

04 在右侧的"检查器"窗口中找到"Rect Transform"组件，修改其中的参数，参考值如图 4.164 所示。

> **说明**
>
> "宽度"和"高度"参数的值请根据使用的手机或者平板计算机的实际分辨率进行设置，使知识小百科窗口和屏幕的大小关系看起来比较美观即可。

图 4.162　将资源包导入项目

图 4.163　"小百科窗口"对象

图 4.164　"Rect Transform"组件中参数的参考值

05 在"检查器"窗口中，单击"Image"组件中"源图像"参数右侧的圆形按钮，弹出"Select Sprite"窗口，选择"UI board Large Set"选项，如图 4.165 所示。

　　完成上述操作后，在"场景"窗口中的显示结果如图 4.166 所示。

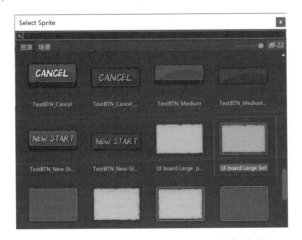

图 4.165　选择"UI board Large Set"选项

图 4.166　"场景"窗口中的显示结果

06 在"层级"窗口中，选中"小百科窗口"对象并右击，在弹出的快捷菜单中选择"UI"→

"旧版"→"按钮"命令，创建一个按钮对象。将该按钮对象重命名为"确定"，然后在"检查器"窗口中修改其"Rect Transform"组件中的参数，参考值如图 4.167 所示。

图 4.167　"Rect Transform"组件中参数的参考值

07 在"检查器"窗口中，单击"Image"组件中"源图像"参数右侧的圆形按钮，弹出的"Select Sprite"窗口，选择"TextBTN_Big"选项，如图 4.168 所示。

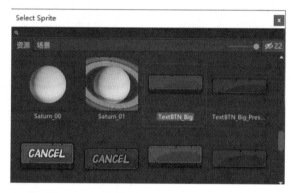

图 4.168　选择"TextBTN_Bbig"选项

08 选中"确定"对象的子对象 Text(Legacy)，将其重命名为"确定文本框"，在"检查器"窗口中找到"Text"组件并修改其中的参数，参考值如图 4.169 所示。

图 4.169　"Text"组件中参数的参考值

显示结果如图 4.170 所示。

图 4.170　显示结果

接下来我们制作一个标题栏。从结构上来看,标题栏是由一个 Image 对象和一个 Text 对象组合而成的。我们可以先创建一个 Image 对象,然后为其创建一个 Text 子对象。不过还有一种更简单的方法,就是直接创建一个 Button 对象,Button 对象自带了一个 Text 子对象。由于我们的标题栏不需要交互,所以创建 Button 对象后,需要将其"检查器"窗口中的"Button"组件删除。接下来我们就来制作标题栏,请按照下面的步骤执行操作。

01 在"层级"窗口中选中"小百科窗口"对象并右击,在弹出的菜单中选择"UI"→"旧版"→"按钮"命令,系统会为我们创建一个 Button(Legacy)的对象。选中该对象,将其重命名为"标题栏",然后在"检查器"窗口中修改其"Rect Transform"组件中的参数,参考值如图 4.171 所示。

图 4.171　"Rect Transform"组件中参数的参考值

02 在"检查器"窗口中,单击"源图像"参数右侧的圆形按钮,在弹出的"Select Sprite"窗口中选择"IRONY TITLE em…"选项,如图 4.172 所示。

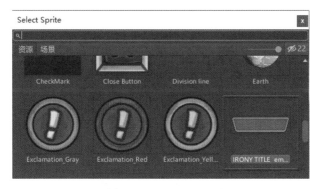

图 4.172　选择"IRONY TITLE em…"选项

03 找到"Button"组件，单击其右侧的三个竖点按钮，在弹出的列表中选择"移除组件"选项，如图 4.173 所示。

图 4.173 选择"移除组件"选项

04 选择"标题栏"对象的子对象 Text(Legacy)，将其重命名为"标题栏文本框"，然后在右侧的"检查器"窗口中更改"Text"组件中的相关参数，参考值如图 4.174 所示。

图 4.174 "Text"组件中相关参数的参考值

经过上面的操作步骤之后，"场景"窗口中知识小百科窗口的显示结果如图 4.175 所示。

图 4.175 "场景"窗口中知识小百科窗口的显示结果

下面，我们来为知识小百科窗口添加文本内容，请按照下面的步骤执行操作。

01 在"层级"窗口中选中"小百科窗口"对象并右击，在弹出的菜单中选择"UI"→"旧版"→"文本"命令，Unity 会为我们创建一个默认名为 Text(Legacy)的对象。将该对象重命名为"公转周期"，在"检查器"窗口中修改其"Rect Transform"组件中的相关参数，参考值如图 4.176 所示。

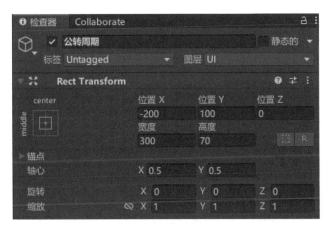

图 4.176　"公转周期"对象"Rect Transform"组件中相关参数的参考值

02 再修改"Text"组件中的参数，参考值如图 4.177 所示。

图 4.177　"公转周期"对象"Text"组件中参数的参考值

"公转周期"对象在"场景"窗口中显示的结果如图 4.178 所示。

03 继续选中"公转周期"对象，按下组合键 Ctrl+D，Unity 将为我们创建一个名为"公转周期（1）"的副本对象。将其重命名为"自转周期"，在"检查器"窗口中修改其"Rect Transform"组件中的相关参数，参考值如图 4.179 所示。

图 4.178　"公转周期"对象"场景"窗口中的显示结果

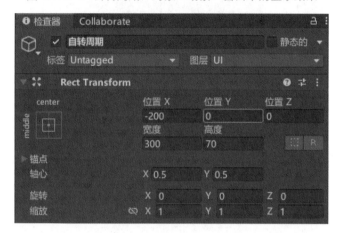

图 4.179　"自转周期"对象"Rect Transform"组件中参数的参考值

04 再修改"Text"组件中的参数，参考值如图 4.180 所示。

图 4.180　"自转周期"对象"Text"组件中参数的参考值

"自转周期"对象在"场景"窗口中的显示结果如图 4.181 所示。

图 4.181　"自转周期"对象在"场景"窗口中的显示结果

05 选中"公转周期"对象，按下组合键 Ctrl+D，Unity 将为我们创建一个名为"公转周期（1）"的副本对象。将其重命名为"卫星数量"，在"检查器"窗口中修改其"Rect Transform"组件中的相关参数，参考值如图 4.182 所示。

图 4.182　"卫星数量"对象"Rect Transform"组件中相关参数的参考值

06 修改"Text"组件中的参数，参考值如图 4.183 所示。

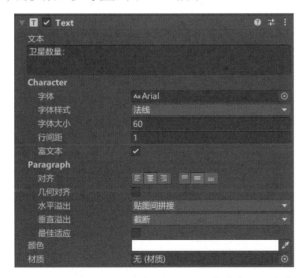

图 4.183　"卫星数量"对象"Text"组件中参数的参考值

"卫星数量"对象在"场景"窗口中的显示结果如图 4.184 所示。

图 4.184　"卫星数量"对象在"场景"窗口中的显示结果

此时,"层级"窗口中的内容如图 4.185 所示。

07 按住 Ctrl 键依次选择"公转周期""自转周期""卫星数量"3 个对象,然后按下组合键 Ctrl+D,Unity 会创建这 3 个对象的副本,如图 4.186 所示。

图 4.185　"层级"窗口中的内容

图 4.186　3 个对象的副本

08 确保 3 个副本对象都处于选中状态,在右侧的"检查器"窗口中修改它们"Rect Transform"组件中的参数,如图 4.187 所示。

图 4.187　修改"Rect Transform"组件中的参数

09 将"公转周期（1）"对象重命名为"公转周期文本"，将"自转周期（1）"对象重命名为"自转周期文本"，将"卫星数量"对象重命名为"卫星数量文本"，重命名后的"层级"窗口如图4.188所示。

操作完成后，"小百科窗口"对象在"场景"窗口中的显示结果如图4.189所示。

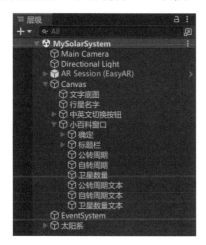

图4.188 重命名后的"层级"窗口

图4.189 "小百科窗口"对象在"场景"窗口中的显示结果

说明

知识小百科窗口内部右侧的文字内容我们会在后面通过代码进行动态修改，在运行的时候会显示为对应行星的信息。

4.6.3 窗口弹出和关闭

在本书的设计中，默认情况下，知识小百科窗口是关闭（不显示）的，在点击屏幕上的行星模型后才会弹出知识小百科窗口，然后点击"确定"按钮关闭该窗口。下面我们以水星为例，实现上面描述的功能。

首先实现点击"确定"按钮关闭知识小百科窗口，请按照下面的步骤执行操作。

01 在Unity编辑器的"层级"窗口选中Canvas对象的子对象"小百科窗口"，如果在"场景"窗口中没有显示小百科窗口，可以双击"层级"窗口中的"小百科窗口"对象，Unity会在"场景"窗口中定位"小百科窗口"对象并以最大化的方式将其显示在"场景"窗口中间。

02 选中"小百科窗口"对象的子对象"确定"，在右侧的"检查器"窗口中展开"Button"组件，找到"鼠标单击()"列表框，如图4.190所示。

图4.190 "鼠标单击()"列表框（1）

03 单击右下角的"+"按钮，Unity 将为我们创建一个鼠标单击事件，如图 4.191 所示。

图 4.191　创建鼠标单击事件

04 将"层级"窗口中的"小百科窗口"对象直接拖动到图中的"无（对象）"插槽，如图 4.192 所示。

图 4.192　将"小百科窗口"对象拖动到"无（对象）"插槽

05 单击"No Function"右侧的下拉按钮，在弹出的列表中选择"GameObject"→"SetActive(bool)"选项，如图 4.193 所示。

图 4.193　选择"GameObject"→"SetActive(bool)"选项

此时的"鼠标单击()"列表框如图 4.194 所示。

图 4.194　"鼠标单击()"列表框（2）

> **说明**
>
> 　　鼠标单击事件的作用是当我们单击"确定"按钮对象时，会对我们指定的"小百科窗口"对象调用 GameObject 类的 SetActive() 方法。SetActive() 方法本身需要输入布尔类型的参数，这个参数的值是由下面的复选框的值确定的。勾选复选框代表输入的参数是 true，不勾选复选框代表输入的参数是 false。

06 不勾选图中的复选框代表单击"确定"按钮后，对"小百科窗口"对象执行的是 SetActive (false)的方法，"小百科窗口"对象将被隐藏。运行程序进行测试。

下面我们来实现单击行星模型弹出知识小百科窗口的功能，请按照下面的步骤执行操作。

01 使用 Visual Studio 2019 打开 Planet.cs 文件，添加的代码使用粗体+斜体显示，最终结果如下：

```
using System.Collections;
using System.Collections.Generic;
using UnityEngine;
using UnityEngine.UI;
namespace MySolarSystem
{
    public class Planet : MonoBehaviour
    {

        public string[] planetName;    //行星的名字
        public Text textUI;            //显示行星名字的文本
        public Image imageBottom;      //"文字底图"对象
        public static int language;    //代表当前的语言,0-中文，1-英文
        public GameObject button_SelectLan;      //"中英文切换按钮"对象
        public Text lan;                         //中英文切换按钮中的文字文本框
        public GameObject knowPanel;             //知识小百科窗口

        private void OnEnable()
        {
            textUI.text = planetName[language];        //显示行星名字的文本内容 =
对应的中文或英文
            imageBottom.gameObject.SetActive(true);  //显示"文字底图"对象
            button_SelectLan.SetActive(true);        //显示"中英文切换按钮"对象
        }

        private void OnDisable()
        {
            textUI.text = null;    //显示行星名字的文本内容 = null
            imageBottom.gameObject.SetActive(false); //隐藏"文字底图"对象
            button_SelectLan.SetActive(false);       //隐藏"中英文切换按钮"对象
knowPanel.SetActive(false);        //隐藏知识小百科窗口
        }

        public void SelectLanguage()                     //【方法】选择语言
        {
            if(language == 0)      //如果当前是中文
            {
                language = 1;      // 改成英文
                lan.text = "英文";     //按钮的文本内容为"英文"
```

```
        }
        else
        {
            language = 0;
            lan.text = "中文";        //按钮的文本内容为"中文"
        }
        textUI.text = planetName[language];
        var audioSource = GetComponent<AudioSource>();        //保存"Audio
Source"组件
        audioSource.clip = GetComponent<Audio>().audios[language];  //设置
clip 音频
        audioSource.Play();                //播放音频
    }
    public void OnMouseUp()                //【方法】鼠标左键释放
    {
        knowPanel.SetActive(true);        //将"小百科窗口"对象设置为激活状态
    }
}
}
```

说明

OnMouseUp()方法是内置的方法，当鼠标在具有碰撞体组件的对象上按下并释放的时候调用。而在 Mercury 对象上刚好有一个球形碰撞体"Sphere Collider"组件，如图 4.195 所示。

图 4.195   "Sphere Collider"组件

02 回到 Unity 编辑器，选中 Mercury 对象，在"检查器"窗口中展开"Planet（脚本）"组件，将"层级"窗口中的"小百科窗口"对象拖动到"Know Panel"右侧的插槽中，如图 4.196所示。

图 4.196　将"小百科窗口"对象拖动到"Know Panel"右侧的插槽中

03 在"层级"窗口中选中"小百科窗口"对象，在"检查器"窗口中取消勾选"小百科窗口"文本框左侧的复选框，如图 4.197 所示。

图 4.197　取消勾选"小百科窗口"文本框左侧的复选框

　　这样，小百科窗口就会在程序开始运行后处于非激活状态，即不显示。此时的"层级"窗口显示的结果如图 4.198 所示。

图 4.198　隐藏后"层级"窗口显示的结果

> **说明**
>
> 　　如果场景中的某个父对象处于非激活状态，如图中的"小百科窗口"对象，则它的所有子对象也将处于非激活状态。

04 运行程序进行测试。

　　测试没有问题后，将其余的行星"Planet（脚本）"组件的"Know Panel"参数指定为"小百科窗口"对象，然后进行测试，确保显示的结果是正确的。

4.6.4　窗口文本数据

上面的节中，我们实现了知识小百科窗口的弹出和关闭的功能，这一节我们来实现知识小百科窗口中显示的文本内容和对应的行星的科普知识一致。

查找资料，太阳系中八大行星的公转周期、自转周期和卫星数量的具体数值如表 4.1 所示。

表 4.1　太阳系中八大行星的公转周期、自转周期和卫星数量

行星名字	公转周期	自转周期	卫星数量
水　星	87.8 天	58.6 天	0
金　星	22.7 天	243 天	0
地　球	365 天	24 小时	1
火　星	1.9 年	24 小时	2
木　星	11.8 年	9 小时 50 分	64
土　星	29.5 年	10 小时 14 分	200
天王星	84 年	17 小时 14 分	27
海王星	164 .8 年	15 小时 58 分	14

接下来，请按照下面的步骤执行操作。

01 打开 Planet.cs 文件，继续编写代码，新编写的代码使用粗体+斜体显示，最终的内容如下：

```
using System.Collections;
using System.Collections.Generic;
using UnityEngine;
using UnityEngine.UI;
namespace MySolarSystem
{
    public class Planet : MonoBehaviour
    {
        public string[] planetName;          //行星的名字
        public Text textUI;                  //显示行星名字的文本
        public Image imageBottom;            //"文字底图"对象
        public static int language;          //代表当前的语言,0-中文,1-英文
        public GameObject button_SelectLan;  //"中英文切换按钮"对象
        public Text lan;                     //中英文切换按钮中的文字文本框
        public GameObject knowPanel;         //知识小百科窗口
        public Text[] textInfo;              //知识小百科窗口右侧的文本框对象,其中[0]公
转周期,[1]自转周期,[2]卫星数量
        public string[] planetData_Cn;       //行星的中文数据,其中[0]公转周期,[1]自转
周期,[2]卫星数量
        private void OnEnable()
        {
            textUI.text = planetName[language];  //显示行星名字的文本内容 = 对应的
中文或英文
```

```
            imageBottom.gameObject.SetActive(true);     //显示"文字底图"对象
            button_SelectLan.SetActive(true);              //显示"中英文切换按钮"对象
        }
        private void OnDisable()
        {
            textUI.text = null; //显示行星名字的文本内容 = null
            imageBottom.gameObject.SetActive(false); //隐藏"文字底图"对象
            button_SelectLan.SetActive(false);              //隐藏"中英文切换按钮"对象
    knowPanel.SetActive(false);         //隐藏知识小百科窗口
        }
        public void SetPlanetData() //【方法】设置行星数据
        {
            textInfo[0].text = planetData_Cn[0]; //公转文本框.text = 行星数据[公转]
            textInfo[1].text = planetData_Cn[1]; //自转文本框.text = 行星数据[自转]
            textInfo[2].text = planetData_Cn[2]; //卫星文本框.text = 行星数据[卫星]
        }
        public void SelectLanguage()                         //【方法】:选择语言
        {
            if(language == 0)                                //如果当前是中文
            {
                language = 1;                                // 改成英文
                lan.text = "英文";                        //按钮的文本内容为"英文"
            }
            else
            {
                language = 0;
                lan.text = "中文";                              //按钮的文本内容为"中文"
            }
            textUI.text = planetName[language];
            var audioSource = GetComponent<AudioSource>();    // 保存" Audio
Source"组件
            audioSource.clip = GetComponent<Audio>().audios[language];   //设置
clip 音频
            audioSource.Play();                          //播放音频
        }
        public void OnMouseUp()                          //【方法】鼠标左键释放
        {
            knowPanel.SetActive(true);                      //将"小百科窗口"对象设置为激活状态
        }
    }
}
```

02 回到 Unity 编辑器,在"层级"窗口中选中 Mercury 对象,在右侧的"检查器"窗口中发现 "Planet(脚本)"组件增加了新的参数,如图 4.199 所示。

图 4.199 "Planet（脚本）"组件中新增的参数

03 将"Text Info"参数修改为"3"，如图 4.200 所示。

04 将"层级"窗口中"小百科窗口"对象的子对象"公转周期文本""自转周期文本""卫星数量文本"分别拖动到"元素 0""元素 1""元素 2"插槽中，设置完成后的"Text Info"栏目如图 4.201 所示。

图 4.200 将"Text Info"参数修改为"3"

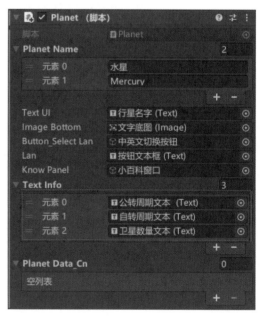

图 4.201 设置完成后的"Text Info"栏目（1）

05 将"Planet Data_Cn"参数修改为"3"，如图 4.202 所示。

06 分别在"元素 0""元素 1""元素 2"文本框中输入"87.8 天""58.6 天""0"，设置完成后的"Planet Data_Cn"栏目如图 4.203 所示。

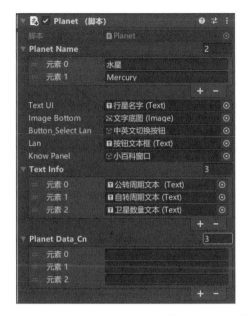

图 4.202　将"Planet Data_Cn"参数修改为"3"

图 4.203　设置完成后的"Planet Data_Cn"栏目（1）

07 运行程序进行测试。将 Mercury.png 图像放到摄像头前，在显示的水星模型上单击，如果运行正确，将弹出知识小百科窗口，并且能够显示正确的水星数据，如图 4.204 所示。

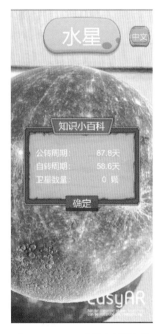

图 4.204　正确的运行结果

08 在"层级"窗口中按住 Ctrl 键并依次选中 Venus、Earth 等其他七大行星对象，如图 4.205 所示。

09 将右侧"检查器"窗口中"Planet（脚本）"组件的"Text Info"参数和"Planet Data_Cn"参数修改为"3"，如图 4.206 所示。

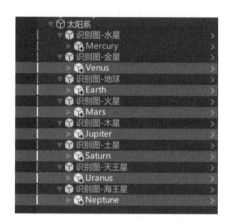

图 4.205　选中其他七大行星对象　　　图 4.206　将"Text Info"参数和"Planet Data_Cn"参数修改为"3"

每颗行星的"Planet（脚本）"组件中"Text Info"参数的值是一样的，所以仍然将"层级"窗口中"小百科窗口"对象的 3 个子对象"公转周期文本""自转周期文本""卫星数量"分别拖动到"Text Info"栏目中的"元素 0""元素 1""元素 2"插槽中，设置完成后的"Text Info"栏目如图 4.207 所示。

10 在"层级"窗口中单独选中 Venus 对象，在"检查器"窗口的"Planet（脚本）"组件的"Planet Data_Cn"栏目中输入金星的公转周期、自转周期和卫星数量等数据，设置完成后的"Planet Data_Cn"栏目如图 4.208 所示。

图 4.207　设置完成后的"Text Info"栏目（2）　图 4.208　设置完成后的"Planet Data_Cn"栏目（2）

11 运行程序进行测试。将 Venus.png 图像放到摄像头前，在显示的金星模型上单击，如果运行正确，将弹出知识小百科窗口，并能够显示正确的金星数据，如图 4.209 所示。

12 根据表 4.1 给出的各个行星的数据，将其他行星的数据输入对应行星对象的"Planet Data_Cn"栏目中。

　　完成全部操作后，再次运行程序进行测试，将每一颗行星都测试一遍。如果某些行星出现自转周期的数据显示不全的情况，如土星的知识小百科窗口的显示结果如图 4.210 所示。

图 4.209　运行程序结果

图 4.210　土星的知识小百科窗口的显示结果

　　这表明自转周期文本框的宽度不够，无法将数据显示完整，我们只需要修改"自转周期文本"对象的"Rect Transform"组件中的"宽度"参数即可，参考值如图 4.211 所示。

图 4.211　修改"自转周期文本"对象的"宽度"参数

说明

　　应该同时将"公转周期文本"对象和"卫星数量文本"对象对应的"宽度"参数调整到和"自转周期文本"对象的"宽度"参数一致，这样的显示效果相对美观。

再次运行程序进行测试，以土星为例，显示结果如图 4.212 所示。

图 4.212　显示结果

4.7　英文知识小百科

本节我们来实现英文知识小百科的内容切换功能。

4.7.1　行星英文数据

请按照下面的步骤执行操作。

01 打开 Planet.cs 文件，添加新的代码，新的代码使用粗体+斜体显示，最终的内容如下：

```
using System.Collections;
using System.Collections.Generic;
using UnityEngine;
using UnityEngine.UI;
namespace MySolarSystem
{
    public class Planet : MonoBehaviour
    {
        public string[] planetName;        //行星的名字
        public Text textUI;                //显示行星名字的文本
        public Image imageBottom;          //"文字底图"对象
```

```
        public static int language;          //代表当前的语言,0-中文,1-英文
        public GameObject button_SelectLan;      // "中英文切换按钮"对象
        public Text lan;                     //中英文切换按钮中的文字文本框
        public GameObject knowPanel;         //知识小百科窗口
        public Text[] textInfo;              //知识小百科窗口右侧的文本框对象,其中[0]公
转周期,[1]自转周期,[2]卫星数量
        public string[] planetData_Cn;       //行星的中文数据,其中[0]公转周期,[1]自转
周期,[2]卫星数量
        public string[] planetData_En;       //行星的英文数据,其中[0]公转周期,[1]自转
周期,[2]卫星数量
        private void OnEnable()
        {
            textUI.text = planetName[language];          //显示行星名字的文本内容  =
对应的中文或英文
            imageBottom.gameObject.SetActive(true);   //显示"文字底图"对象
            button_SelectLan.SetActive(true);            //显示"中英文切换按钮"对象
            SetPlanetData();
        }

        private void OnDisable()
        {
            textUI.text = null; //显示行星名字的文本内容 = null
            imageBottom.gameObject.SetActive(false); //隐藏"文字底图"对象
            button_SelectLan.SetActive(false);          //隐藏"中英文切换按钮"对象
        }
        public void SetPlanetData() //【方法】设置行星数据
        {
            textInfo[0].text = planetData_Cn[0];         //公转文本框.text = 行星数
据[公转]

            textInfo[1].text = planetData_Cn[1];         //自转文本框.text = 行星数
据[自转]

            textInfo[2].text = planetData_Cn[2];         //卫星文本框.text = 行星数
据[卫星]
        }
        public void SetPlanetDataEn() //【方法】设置行星数据
        {
            textInfo[0].text = planetData_En[0];         //公转文本框.text = 行星数据
[公转](英文)

            textInfo[1].text = planetData_En[1];         //自转文本框.text = 行星数据
[自转](英文)

            textInfo[2].text = planetData_En[2];         //卫星文本框.text = 行星数据
[卫星](英文)
        }
```

```
        public void SelectLanguage()          //【方法】：选择语言
        {
            if(language == 0)                  //如果当前是中文
            {
                language = 1;                  // 改成英文
                lan.text = "英文";             //按钮的文本内容为"英文"
                SetPlanetDataEn();             //行星数据英文显示
            }
            else
            {
                language = 0;
                lan.text = "中文";             //按钮的文本内容为"中文"
                SetPlanetData();               //行星数据中文显示
            }
            textUI.text = planetName[language];
            var  audioSource  =  GetComponent<AudioSource>();     //保存"Audio
Source"组件
            audioSource.clip = GetComponent<Audio>().audios[language];   //设置
clip 音频
            audioSource.Play();                //播放音频
        }
        public void OnMouseUp()                //【方法】鼠标左键释放
        {
            knowPanel.SetActive(true);         //将"小百科窗口"对象设置为激活状态
        }
    }
}
```

说明

我们先声明了一个 planetData_En 的字符串数组，用来保存每一颗行星的英文数据。然后声明了一个 SetPlanetDataEn()方法，该方法会将知识小百科窗口右侧的行星数据文本框的内容指定为"Planet Data_En"栏目中对应参数的值。最后在 SelectLanguage()方法中，分别在 if 语句中调用 planetData_En()方法和在 else 语句中调用 PlanetData()方法，这样，当我们在程序运行的时候，点击中英文切换按钮后，知识小百科窗口右侧的行星数据就会相应地切换英文或中文数据显示。

我们仍然以水星为例，请按照下面的步骤执行操作。

01 在"检查器"窗口中的"Planet（脚本）"组件的最下方找到新增的"Planet Data_En"栏目，将"Planet Data_En"参数修改为"3"，如图 4.213 所示。

02 在"元素 0""元素 1""元素 2"文本框中分别输入相应的英文数据，如图 4.214 所示。

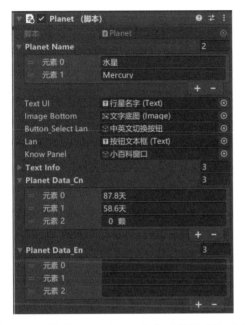

图 4.213　将 "Planet Data_En" 参数修改为 "3"

图 4.214　输入相应的英文数据

03 运行程序进行测试。将 Mercury.png 图像放在摄像头前方，当水星的模型显示出来后，单击该模型，弹出知识小百科窗口；单击右上角的中英文切换按钮，水星的数据显示为英文，如图 4.215 所示。

图 4.215　水星英文知识小百科窗口的显示结果

04 将其他行星的 "Planet Data_En" 参数设置为 "3"，分别录入各自的英文数据，然后进行测试。

4.7.2 其他英文文本

经过前面内容的学习，我们已经完成了八大行星数据的中英文显示的任务。接下来我们来实现知识小百科窗口标题栏的文本、知识小百科窗口内左侧的文本，以及"确定"按钮的文本的中英文切换功能，请按照下面的步骤执行操作。

01 在"Assets\Scripts\"文件夹中右击，在弹出的菜单中选择"创建"→"C#脚本"命令，将新创建的文件重命名为"KnowledgePad"，然后双击该文件打开它。

02 编写代码，最终的内容如下：

```csharp
using System.Collections;
using System.Collections.Generic;
using UnityEngine;
using UnityEngine.UI;
namespace MySolarSystem
{
    public class KnowledgePad : MonoBehaviour
    {
        public Text[] text;              //知识小百科窗口中的文本框, [0]-标题栏,[1]-公转文本,[2]-自转文本,[3]-卫星文本,[4]-确定文本
        public string[] text_Cn;     //[0]-"知识小百科", [1]-"公转周期", [2]-"自转周期", [3]-"卫星数量", [4]-"确定"
        public string[] text_En;      //[0]-"Knowledge", [1]-"Revolution", [2]-"Rotation", [3]-"Satellites", [4]-"OK"

        void Start()
        {
            SetLanguage();
        }
        public void ShowChinese()    //【方法】显示中文
        {
            text[0].text = text_Cn[0];
            text[1].text = text_Cn[1];
            text[2].text = text_Cn[2];
            text[3].text = text_Cn[3];
            text[4].text = text_Cn[4];
        }

        public void ShowEnglish()    //【方法】显示英文
        {
            text[0].text = text_En[0];
            text[1].text = text_En[1];
            text[2].text = text_En[2];
            text[3].text = text_En[3];
```

```
        text[4].text = text_En[4];
    }

    public void SetLanguage()    //【方法】选择语言
    {
        if(Planet.language == 0)
        {
            ShowChinese();
        }
        else
        {
            ShowEnglish();
        }
    }
}
```

03 回到 Unity 编辑器，选中"层级"窗口中 Canvas 对象的子对象"小百科窗口"，然后将 KnowledgePad.cs 文件拖动到"小百科窗口"的"检查器"窗口中，为"小百科窗口"对象添加"KnowledgePad（脚本）"组件，如图 4.216 所示。

04 展开"KnowledgePad（脚本）"组件，将"Text"参数修改为"5"，如图 4.217 所示。

图 4.216　为"小百科窗口"对象添加
"KnowledgePad（脚本）"组件

图 4.217　将"Text"参数修改为"5"

　　"KnowledgePad（脚本）"组件中"Text"栏目的参数与"层级"窗口中对象的对应关系如表 4.2 所示。

表 4.2　"Text"栏目中的参数与"层级"窗口中对象的对应关系

"Text"栏目中的参数	元素 0	元素 1	元素 2	元素 3	元素 4
对象	标题栏文本框	公转周期	自转周期	卫星数量	确定

　　设置完成后的"Text"栏目如图 4.218 所示。

05 将"Text_Cn"参数和"Text_En"参数都修改为"5"。在"Text_Cn"栏目中每个参数的文本框内输入中文内容，在"Text_En"栏目中每个参数的文本框内输入英文内容，输入完成后的"Text_Cn"栏目和"Text_En"栏目如图 4.219 所示。

图 4.218 设置完成后的"Text"栏目　　图 4.219　输入完成后的"Text_Cn"栏目和"Text_En"栏目

06 在"层级"窗口中选中"中英文切换按钮"对象，在"检查器"窗口中找到"Button"组件的"鼠标单击()"列表框，单击右下角的"+"按钮，如图 4.220 所示。

07 将"小百科窗口"对象拖动到"无（对象）"插槽中，如图 4.221 所示。

图 4.220　单击"+"按钮　　图 4.221　将"小百科窗口"对象拖动到"无（对象）"插槽中

08 选择"No Function"选项，在弹出的列表中选择"KnowledgePad"→"SetLanguage()"选项，如图 4.222 所示。

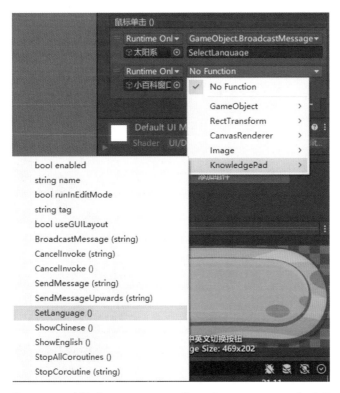

图 4.222　选择"KnowledgePad"→"SetLanguage()"选项

操作完成后的"鼠标单击()"列表框如图 4.223 所示。

图 4.223　操作完成后的"鼠标单击()"列表框

09 运行程序进行测试。以地球为例，中文知识小百科窗口的显示结果如图 4.224 所示。
切换到英文，英文知识小百科窗口的显示结果如图 4.225 所示。

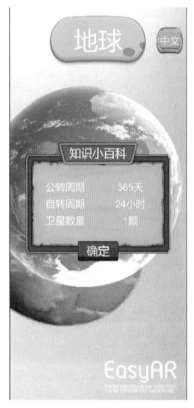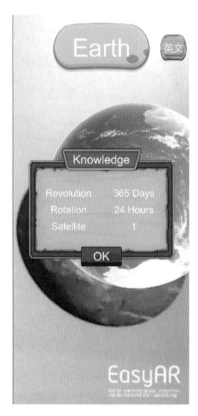

图 4.224　中文知识小百科窗口的显示结果　　图 4.225　英文知识小百科窗口的显示结果

4.8　AR 太阳

经过前面的章节的学习，我们已经将太阳系中的八大行星的 AR 科普功能实现了。本章我们加入太阳的 AR 科普内容。如果读者通过前面的学习已经掌握了相关的 AR 开发方法，也可以自己尝试着实现本节内容。

4.8.1　太阳识别图

我们在前面的章节中，从 Unity 官方资源商店中下载的 Planet Icons 资源中没有太阳的图片，所以我们可以自己制作一张太阳的图片当作太阳的识别图，请按照下面的步骤执行操作。

01 打开浏览器，进入百度搜索的首页，在搜索文本框中输入"太阳"，选择"图片"选项，单击"百度一下"按钮，如图 4.226 所示。

图 4.226　搜索太阳图片

02 在搜索到的太阳图片中选择一个满意的图片，作者选择的太阳图片如图 4.227 所示。

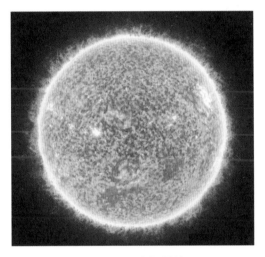

图 4.227　太阳图片

03 将识别图保存到项目的 "Assets\StreamingAssets\" 文件夹中。为了和项目中的行星保持一致，请将太阳图片的名称修改为 "Sun"。

04 在 "层级" 窗口中选中 "识别图-水星" 对象，按组合键 Ctrl+D 复制 "识别图-水星（1）" 对象，将其重名为 "识别图-太阳"，并在 "检查器" 窗口中，修改 "识别图-太阳" 对象的 "Transform" 组件中的参数，将其移动到（−4.5，0，0）位置处，参考值如图 4.228 所示。

图 4.228　"Transform" 组件中参数的参考值

05 修改 "Image Target Controller（脚本）" 组件中 "Image File Source" 栏目的相关参数，如图 4.229 所示。

06 在 "层级" 窗口中将 "识别图-太阳" 对象的子对象 Mercury 删除，将 "Assets\Planets of the

Solar System 3D\Prefabs\"文件夹中的 Sun 预制体直接拖动到"识别图-太阳"对象下方成为其子对象，修改 Sun 对象的"Transform"组件中的参数，如图 4.230 所示。

图 4.229　修改"Image File Source"
栏目中的相关参数

图 4.230　修改 Sun 对象"Transform"组件中的参数

07 调整"识别图-太阳"对象在"层级"窗口中的位置，如图 4.231 所示。

图 4.231　调整"识别图-太阳"对象在"层级"窗口中的位置

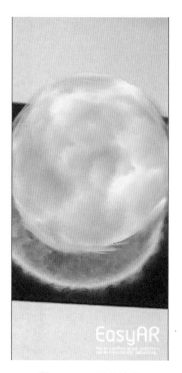

08 运行程序进行测试。将 Sun.jpg 图像放置到摄像头前，显示结果如图 4.232 所示。

这样我们就实现了显示 AR 太阳模型的功能。

图 4.232　显示结果

4.8.2　中英文语音

请按照下面的步骤执行操作。

01 运行前面章节安装好的格式工厂，在窗口左侧的列表中选择"音频"选项，在"音频"列表中单击"Text->Wav"按钮，如图 4.233 所示。

图 4.233　单击 "Text->Wav" 按钮

02 在弹出的 "Text->Wav" 窗口中单击 "添加文本" 按钮，如图 4.234 所示。

03 在弹出的文本输入窗口中输入 "太阳"，然后单击 "确定" 按钮，添加文本后的 "Text->Wav" 窗口如图 4.235 所示。

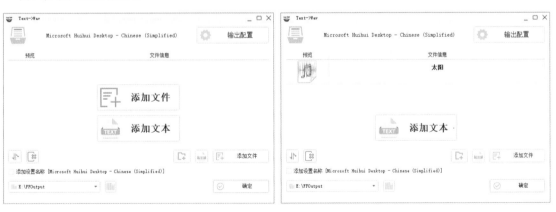

图 4.234　文本输入窗口　　　　　　图 4.235　添加文本后的 "Text→Wav" 窗口

04 单击 "确定" 按钮，将会进入转换窗口，如图 4.236 所示。

05 单击 "开始" 按钮，完成转换，转换后的音频文件默认保持在 "E:\FFOutput\" 文件夹中。

06 再次单击 "Text->Wav" 按钮，在弹出的 "Text->Wav" 对话框中单击 "输出配置" 按钮，如图 4.237 所示。

07 在弹出的 "TTS" 窗口中，选择 "Microsoft Zira Desktop – English(United States)" 选项，如图 4.238 所示，然后单击 "确定" 按钮。

图 4.236 转换窗口

图 4.237 单击"输出配置"按钮

图 4.238 选择"Microsoft Zira Desktop – English(United States)"选项

08 再次单击"添加文本"按钮,在弹出的文本输入窗口中输入"Sun",然后单击"确定"按钮。按照上面的步骤,创建太阳的英文语音音频文件。

09 制作好太阳的中文和英文音频文件后,将中文的音频文件复制到"项目"窗口"Assets\Audios\中文语音\"文件夹中,将英文的音频复制到"项目"窗口"Assets\Audios\英文语音\"文件夹中。

10 在"层级"窗口中选中"识别图-太阳"对象的子对象 Sun,在右侧的"检查器"窗口中,单击"添加组件"按钮,然后在搜索栏中输入"audiosource",并选择"Audio Source"组件,如图 4.239 所示。

11 将"Assets\Scripts\"文件夹中的 Audio.cs 文件拖动到 Sun 对象的"检查器"窗口中,然后在"检查器"窗口中,将"Audio Source"组件拖动到"Audio(脚本)"组件中"音频源"插槽中,如图 4.240 所示。

图 4.239 选择"Audio Source"组件

图 4.240 将"Audio Source"组件
拖动到"音频源"插槽中

12 将"Audios"参数修改为"2",然后将太阳的中文语音文件拖入"元素 0"插槽中;将太阳的英文语音文件拖入"元素 1"插槽中,设置完成后的"Audios"栏目如图 4.241 所示。

图 4.241 设置完成后的"Audios"栏目

4.8.3 AR 太阳实现

本节我们将像前面章节完成 AR 行星的过程一样，完成 AR 太阳，请按照下面的步骤执行操作。

01 在"层级"窗口中选中"识别图-水星"对象的子对象 Mercury，在右侧的"检查器"窗口中找到"Planet（脚本）"组件，单击其右侧的三个竖点按钮，在弹出的列表中选择"复制组件"选项，如图 4.242 所示。

图 4.242 选择"复制组件"选项

02 在"层级"窗口中选中"识别图-太阳"的子对象 Sun，在"检查器"窗口中单击"Audio（脚本）"组件右侧的三个竖点按钮，在弹出的列表中选择"粘贴为新组件"选项，如图 4.243 所示。

操作完成后，将会得到如图 4.244 所示的结果。

图 4.243 选择"粘贴为新组件"选项

图 4.244 粘贴新组件操作后的结果

03 将"Planet Name"栏目中的"元素 0"参数和"元素 1"参数分别修改为"太阳"和"Sun",如图 4.245 所示。

图 4.245　修改"元素 0"参数和"元素 1"参数

04 修改"Planet Data_Cn"栏目中的参数,如图 4.246 所示。

05 修改"Planet Data_En"栏目中的参数,如图 4.247 所示。

图 4.246　修改"Planet Data_Cn"栏目中的参数　　图 4.247　修改"Planet Data_En"栏目中的参数

06 运行程序进行测试,显示结果如图 4.248 所示。

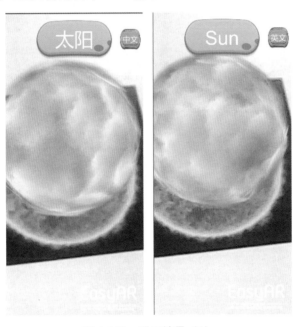

图 4.248　显示结果（1）

　　这时,我们发现,单击太阳模型的时候,没有弹出知识小百科窗口,这是因为 Sun 对象的"Sphere Collider"组件中的"半径"参数比较小。

07 选中 Sun 对象,在"检查器"窗口中展开"Sphere Collider"组件,然后单击 "编辑碰撞器"右侧的按钮,并将"半径"参数修改为"1",如图 4.249 所示。

图 4.249　将"半径"参数修改为"1"

08 再次运行程序进行测试。单击太阳模型，显示结果如图 4.250 所示。

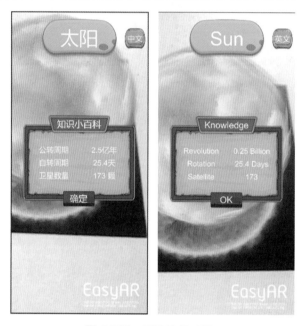

图 4.250　显示结果（2）

　　这样我们就完成了 AR 太阳系科普知识应用的设计与开发工作。将项目发布为 apk 文件，安装到手机上运行测试。

第5章

AR 太阳系的高级内容

通过前面章节的学习，我们已经完成了一款用于介绍太阳和八大行星的科普知识的 AR 应用，本章我们将进一步学习如何为该 AR 应用添加更丰富的内容使得其更加有趣。

5.1 AR 太阳系

本节我们来实现这样一个功能：通过一张识别图将太阳系中的太阳和八大行星的模型都显示出来，并且八大行星围绕着太阳不断旋转。

5.1.1 太阳系识别图

制作 AR 太阳系首先需要一张太阳系的识别图，由于我们在 Unity 官方资源商城上下载的 Planet Icons 资源包中没有太阳系的图片，因此我们需要自己制作一张图片。在本书的随书资源"AR 教材配套资源\行星识别图\"文件夹中，已经为读者准备好了一张太阳系的图片，读者可以直接将其复制到"项目"窗口中的"Assets\StreamingAssets\"文件夹中使用。该图片如图 5.1 所示。

图 5.1　太阳系的识别图

在"项目"窗口中的"Assets\StreamingAssets\"文件夹中，将"太阳系.jpg"图片重命名为"SolarSystem.jpg"。

5.1.2　太阳系

本节我们来实现 AR 太阳系，请按照下面的步骤执行操作。

01 在 Unity 编辑器中打开 MySolarSystem 场景文件，在"层级"窗口中选中"太阳系"对象的子对象"识别图-太阳"，按下组合键 Ctrl+D 复制一个默认名为"识别图-太阳（1）"的副本，如图 5.2 所示。

02 将该副本重命名为"识别图-太阳系"，然后在"检查器"窗口中修改"Transform"组件中的参数，参考值如图 5.3 所示。

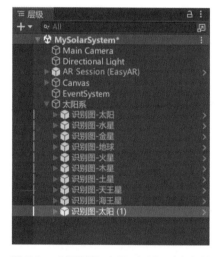

图 5.2　"识别图-太阳（1）"副本文件

图 5.3　"Transform"组件中参数的参考值

修改后，"场景"窗口中的显示结果如图 5.4 所示。

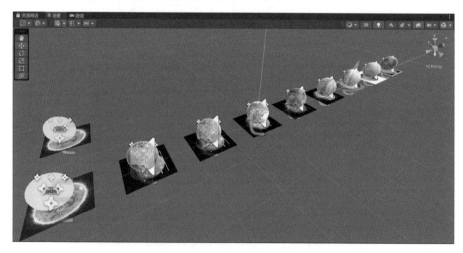

图 5.4　"场景"窗口中的显示结果

03 确保"识别图-太阳系"对象处于选中状态，在"检查器"窗口中，修改 "Image Target Controller（脚本）"组件中 "Image File Source"栏目的参数，参考值如图 5.5 所示。

04 选中"识别图-太阳系"对象的子对象 Sun，在"检查器"窗口中，修改 Sun 对象的"Transform"组件中的参数，参考值如图 5.6 所示。

图 5.5　"Image File Source"栏目中
参数的参考值

图 5.6　Sun 对象的"Transform"组件中
参数的参考值

05 将 "Assets\Planets of the Solar System 3D\Prefabs\" 文件夹中的 Mercury 预制体拖动到"层级"窗口中，并放置在 "识别图-太阳" 对象下成为其子对象，如图 5.7 所示。

图 5.7　"识别图-太阳系"对象的子对象 Mercury

06 修改 Mercury 对象的"Transform"组件中的参数，参考值如图 5.8 所示。

说明

　　这个案例主要表现太阳系中八大行星围绕太阳运行的效果，其中的距离和大小仅仅用来示意，并非真实的比例关系。

07 将 Venus 预制体拖动到"识别图-太阳系"对象下成为其子对象，并修改 Venus 对象的"Transform"组件中的参数，参考值如图 5.9 所示。

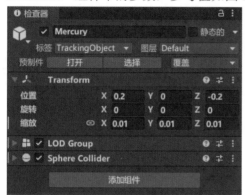
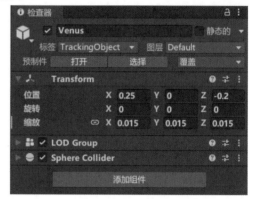

图 5.8　Mercury 对象的
"Transform"组件中参数的参考值

图 5.9　Venus 对象的
"Transform"组件中参数的参考值

08 将 Earth 预制体拖动到"识别图-太阳系"对象下成为其子对象，并修改 Earth 对象的"Transform"组件中的参数，参考值如图 5.10 所示。

09 将 Mars 预制体也拖动到"识别图-太阳系"对象下成为其子对象，并修改 Mars 对象的"Transform"组件中的参数，参考值如图 5.11 所示。

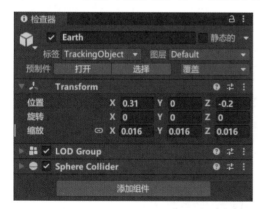

图 5.10　Earth 对象的
"Transform"组件中参数的参考值

图 5.11　Mars 子对象的
"Transform"组件中参数的参考值

10 将 Jupiter 预制体拖动到"识别图-太阳系"对象下成为其子对象，并修改 Jupiter 对象的"Transform"组件中的参数，参考值如图 5.12 所示。

11 将 Saturn 预制体拖动到"识别图-太阳系"对象下成为其子对象，并修改 Saturn 对象的"Transform"组件中的参数，参考值如图 5.13 所示。

12 将 Uranus 预制体拖动到"识别图-太阳系"对象下成为其子对象，并修改 Uranus 对象的

"Transform"组件中的参数，参考值如图 5.14 所示。

13 将 Neptune 预制体拖动到"识别图-太阳系"对象下成为其子对象，并修改 Neptune 对象的"Transform"组件中的参数，参考值如图 5.15 所示。

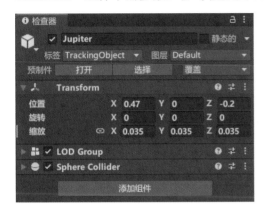

图 5.12　Jupiter 对象的
"Transform"组件中参数的参考值

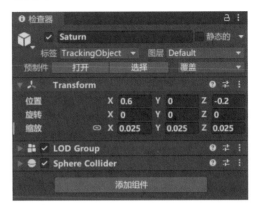

图 5.13　Saturn 对象的
"Transform"组件中参数的参考值

图 5.14　Uranus 对象的
"Transform"组件中参数的参考值

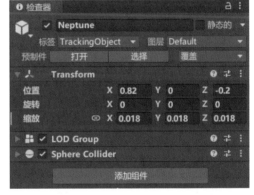

图 5.15　Neptune 对象的
"Transform"组件中参数的参考值

全部完成上述操作后，"场景"窗口中的显示结果如图 5.16 所示。

图 5.16　"场景"窗口中的显示结果

14 选中"识别图-太阳系"对象的子对象 Sun 对象，在"检查器"窗口中找到"Planet（脚本）"组件，在"Planet Name"栏目的"元素 0"和"元素 1"文本框中分别输入"太阳系"和"Solar System"，其他内容暂时保持不变，输入完成后的"Planet Name"栏目如图 5.17 所示。

图 5.17 输入完成后的"Planet Name"栏目

15 选中"识别图-太阳系"对象的全部子对象，如图 5.18 所示。

此时，右侧的"检查器"窗口显示的内容如图 5.19 所示。

图 5.18 选择"识别图-太阳系"对象的所有子对象　　图 5.19 "检查器"窗口显示的内容

16 单击"Sphere Collider"组件右侧的三个竖点按钮，在弹出的列表中选择"移除组件"选项，如图 5.20 所示。

说明

将模型身上的碰撞体组件移除后，当鼠标或者手机触屏模型时，将不会响应 Planet.cs 脚本中的 OnMouseUp()方法。

17 使用格式工厂制作太阳系的中文和英文语音音频文件，读者可以使用作者制作好的音频文件，在随书的资源"AR 教材配套资源\音频"文件夹中可以找到。

18 将太阳系中文语音文件复制到"Assets\Audios\中文语音\"文件夹中，再将太阳系英文语音文件复制到"Assets\Audios\英文语音\"文件夹中。

图 5.20　选择"移除组件"选项

19 选中"识别图-太阳"对象的子对象 Sun，在"检查器"窗口中找到"Audio（脚本）"组件的"Audios"栏目，在"元素 0"和"元素 1"插槽分别插入太阳系中文语音和太阳系英文语音，设置完成后的"Audios"栏目如图 5.21 所示。

图 5.21　设置完成后的"Audios"栏目

20 运行程序，AR 太阳系的运行结果如图 5.22 所示。

图 5.22　AR 太阳系的运行结果

5.1.3　绕太阳公转

本节我们来实现八大行星围绕太阳旋转的功能，请按照下面的步骤执行操作。

01 打开 Unity 编辑器，在"项目"窗口中打开"Assets\Scripts\"文件夹并右击，在弹出的快捷菜单中选择"创建"→"C#脚本"命令。将新创建的 C#脚本重命名为"Revolution"如图 5.23 所示。

图 5.23　新创建的 "Revolution" C#脚本

02 打开 Revolution.cs 文件，编写代码，最终的内容如下：

```csharp
using System.Collections;
using System.Collections.Generic;
using UnityEngine;
namespace MySolarSystem
{
    public class Revolution : MonoBehaviour
    {
        public Transform SunPos;        //太阳的位置
        public float speed;             //公转速度

        private void Update()
        {
            transform.RotateAround(SunPos.position,          //太阳的位置
                                Vector3.up,                  //环绕平面的法线向量
                                -speed * Time.deltaTime);//每秒速度
        }
    }
}
```

> **说明**
>
> ①代码中使用了 RotateAround()方法。该方法有三个参数，第一个参数是被环绕对象（太阳）在空间中的位置；第二个参数是环绕平面的法线方向，第三个参数是环绕的速度，如图 5.24 所示。

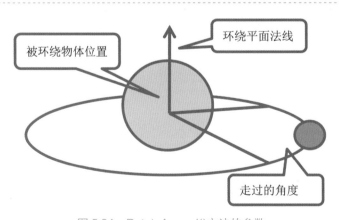

图 5.24　RotateAround()方法的参数

②speed 参数前面的 "-"（负号）表示行星按照逆时针的方向围绕太阳旋转。

03 将 Revolution 脚本拖动到 "识别图-太阳系"对象的子对象 Mercury 的 "检查器"窗口中，为 Mercury 对象添加 "Revolution（脚本）"组件，如图 5.25 所示。

图 5.25　为 Mercury 对象添加 "Revolution（脚本）"组件

04 将 "识别图-太阳系"对象的子对象 Sun 拖动到 "Revolution（脚本）"组件的 "Sun Pos"插槽中，在 "速度"文本框中输入 "180"，设置完成后的 "Revolution（脚本）"组件如图 5.26 所示。

图 5.26　设置完成后的 "Revolution（脚本）"组件

05 运行程序，可以看到水星围绕着太阳旋转。

06 参考水星的操作，将 Revolution.cs 脚本作为组件指定给每一颗行星模型。将 "Sun Pos"参数统一指定为 "识别图-太阳系"的子对象 Sun，然后将不同的行星的 "速度"参数设置为不同值，参考值如表 5.1 所示。

表 5.1　太阳系八大行星环绕速度一览表

行星名称	环绕速度	行星名称	环绕速度
水　星	180	木　星	60
金　星	120	土　星	45
地　球	90	天王星	35
火　星	75	海王星	25

说明

表中给出的参考速度仅为示例使用，并非各大行星环绕太阳旋转的真实速度。

07 运行程序，观看八大行星围绕太阳旋转的效果，如图 5.27 所示。

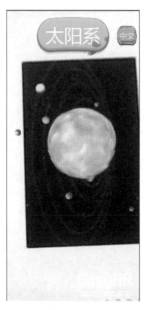

图 5.27　八大行星环绕太阳旋转的效果

5.1.4　公转轨迹

本节我们来实现在行星围绕太阳公转的时候，绘制出公转轨迹的功能。我们还是以水星为例，先实现绘制水星的公转轨迹，再实现绘制其他的行星的公转轨迹，请按照下面的步骤执行操作。

01 在"层级"窗口中选中"识别图–太阳系"对象下的 Mercury 子对象，在"检查器"窗口中单击"添加组件"按钮，在搜索栏中输入"trail"，在搜索结果列表中，选择"Trail Renderer"选项，如图 5.28 所示。

这样，我们就为 Mercury 对象添加了"Trail Renderer"组件。

图 5.28　选择"Trail Renderer"选项

02 展开"Trail Renderer"组件，修改"宽度"和"最小顶点距离"参数，参考值如图 5.29 所示。

03 运行程序，可以看到随着水星对象的移动，其移动的路径上绘制出了一条轨迹，如图 5.30 所示。

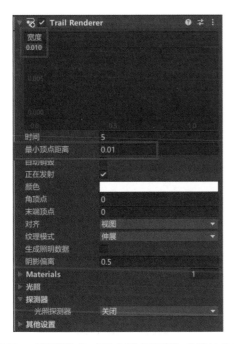

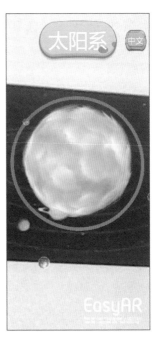

图 5.29　"宽度"和"最小顶点距离"参数的参考值　　　图 5.30　水星的拖尾轨迹

从运行的结果来看，绘制出来的轨迹是满足我们的要求的，但是轨迹的颜色是紫色的，这是由于我们没有为行星轨迹指定渲染的材质，所以默认显示为紫色。

下面我们就创建一个用于渲染行星轨迹的材质，请按照下面的步骤执行操作。

01 在 Assets 文件夹中创建一个新的文件夹，重命名为"Materials"，然后进入该文件夹中右击，在弹出的快捷菜单中选择"创建"→"材质"命令，如图 5.31 所示。

图 5.31　选择"创建"→"材质"命令

Unity 将为我们创建一个默认名为"新建材质"的材质，将其重命名为"行星轨迹"，如图 5.32 所示。

图 5.32　"行星轨迹"材质

02 选中"识别图-太阳系"对象的子对象 Mercury，在"检查器"窗口中展开"Trail Renderer"组件，找到并展开"Materials"栏目，如图 5.33 所示。

03 将刚刚创建的"行星轨迹"材质拖入"元素 0"插槽中，并勾选"生成照明数据"复选框，设置完成后的"Trail Renderer"组件如图 5.34 所示。

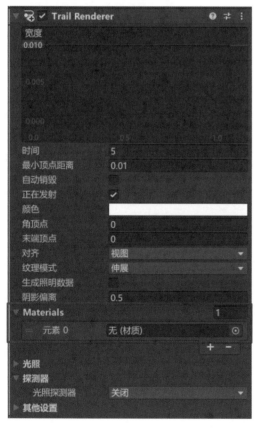

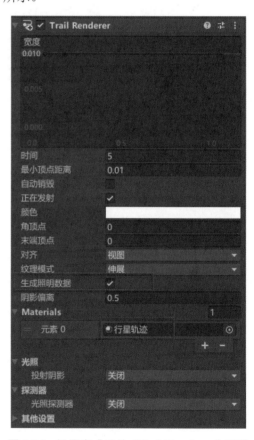

图 5.33　展开"Materials"栏目　　　　图 5.34　设置完成后的"Trail Renderer"组件

04 运行程序进行测试。这次显示的轨迹为白色，如图 5.35 所示。

通过上面的操作，我们实现了绘制水星运行轨迹的功能。接下来我们将其他行星的运行轨迹也绘制出来，请按照下面的步骤执行操作。

01 选中"识别图-太阳"对象的子对象 Mercury，在"检查器"窗口中，单击"Trail Renderer"组件右侧的三个竖点按钮，在弹出的列表中选择"复制组件"选项，如图 5.36 所示。

02 选中其他行星，在其他行星的"检查器"窗口中，单击"Transform"组件右侧的三个竖点按钮，在弹出的列表中选择"作为新组件"选项，将该组件添加到其他行星对象上，如图 5.37 所示。

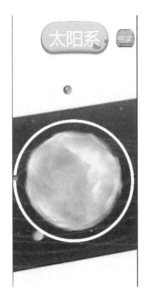

图 5.35　白色的水星环绕轨迹

图 5.36　选择"复制组件"选项

图 5.37　选择"作为新组件"选项

03 运行程序进行测试。八大行星公转轨迹的显示结果如图 5.38 所示。

　　此时我们会发现，外侧的几颗行星的公转轨迹绘制得不完整，没有形成一个完整的圆圈。出现这种情况是因为公转轨迹的持续时间是由"Trail Renderer"组件中的"时间"参数决定的，我们将"时间"参数设置得大一些即可，如图 5.39 所示。

04 再次运行程序进行测试，所有的轨迹都能够绘制完整了，显示结果如图 5.40 所示。

　　通过上面的步骤，我们就实现了绘制行星公转轨迹的功能。

图 5.38 八大行星公转轨迹的显示结果 图 5.39 设置"时间"参数   图 5.40 显示结果

5.1.5 HUD

从科普太阳系知识的角度出发，我们应该将围绕太阳旋转的八大行星的名字都显示在它们模型的上方，这样对 AR 应用的使用者，尤其是小朋友们来说将更加容易了解和掌握八大行星及它们的排列顺序等知识。

我们还是先以水星为例来实现在其模型的上方显示其名字，请按照下面的步骤执行操作。

01 在"层级"窗口中选中"识别图-太阳系"对象的子对象 Mercury 并右击，在弹出的快捷菜单中选择"UI"→"旧版"→"按钮"命令，Unity 将会为我们在 Mercury 对象下创建 Canvas 对象和其子对象 Button(Legacy)。

02 选中 Canvas 对象，将其重命名为"Canvas-Mercury"，然后在"检查器"窗口中找到"Canvas"组件，在"渲染模式"下拉列表中选择"世界空间"选项，如图 5.41 所示。

03 修改"Rect Transform"组件中的参数，参考值如图 5.42 所示的结果。

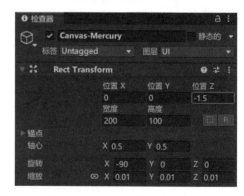

图 5.41 选择"世界空间"选项   图 5.42 "Rect Transform"组件中参数的参考值

修改完成后，"场景"窗口中的显示结果如图 5.43 所示。

04 选中 Canvas-Mercury 对象的子对象 Button(Legacy)，将其重命名为"HUD-Mercury"，然后将其"Button"组件删除，并修改其"Rect Transform"组件中的参数，参考值如图 5.44 所示。

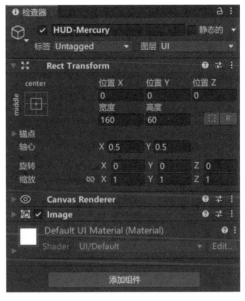

图 5.43　"场景"窗口中的显示结果（1）　　　图 5.44　"Rect Transform"组件中参数的参考值

05 选中 HUD-Mercury 对象的子对象 Text(legacy)，将其重命名为"Text-Mercury"。然后在"检查器"窗口中找到"Text"组件，将"文本"参数修改为"水星"，将"字体大小"参数修改为"40"，如图 5.45 所示。

此时，"场景"窗口中的显示结果如图 5.46 所示。

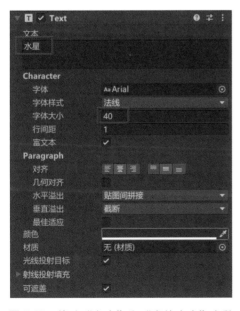

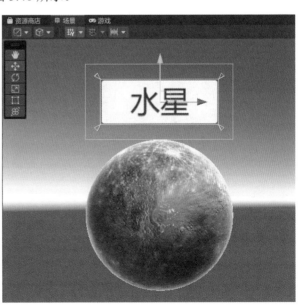

图 5.45　修改"文本"和"字体大小"参数　　　图 5.46　"场景"窗口中的显示结果（2）

这样我们就基本完成了水星 HUD 的制作。不过我们需要对其进一步美化使其更加美观，请按照下面的步骤执行操作。

01 文字"水星"显得有些模糊。为了使文字显示得更加清晰，我们选中"Canvas-Mercury"对象，在"检查器"窗口中找到 Canvas Scaler 组件，将"每单位动态像素数"参数修改为"10"，如图 5.47 所示。

图 5.47　将"每单位动态像素数"参数修改为"10"

修改完成后，"场景"窗口中的显示结果如图 5.48 所示。

02 选中 HUD-Mercury 对象，在"检查器"窗口中找到"Image"组件，将"源图像"参数修改为喜欢的图标，作者选择的是"UI board Small Set"图标，此时，"场景"窗口中的显示结果如图 5.49 所示。

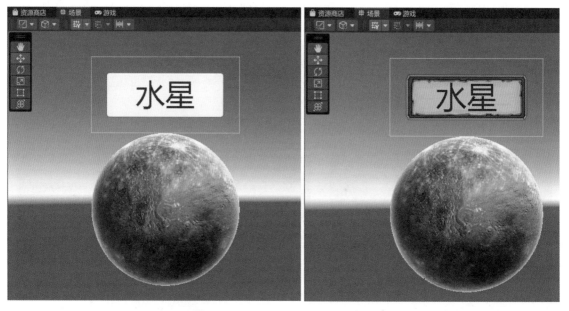

图 5.48　"场景"窗口中的显示结果（3）　　　　图 5.49　"场景"窗口中的显示结果（4）

03 运行程序进行测试。测试的时候发现两个问题，一个问题是 HUD 有些小，另一个问题是 HUD 的角度不对，应该朝向摄像机。

我们先来解决第一个问题。选中 Canvas-Mercury 对象，在"检查器"窗口中修改"Rect Transform"组件中的"缩放"参数，参考值如图 5.50 所示。

修改完成后，"场景"窗口中的显示结果如图 5.51 所示。

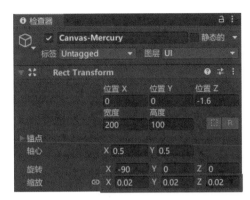

图 5.50　"缩放"参数的参考值

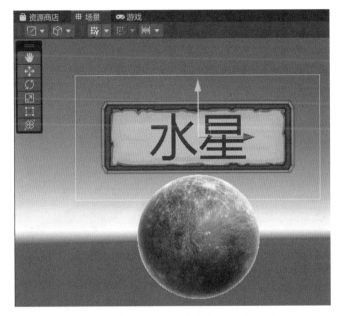

图 5.51　"场景"窗口中的显示结果（5）

　　我们再来解决第二个问题，请按照下面的步骤执行操作。

01 打开 Revolution.cs 文件，新的代码使用粗体+斜体显示，最终内容如下：

```csharp
using System.Collections;
using System.Collections.Generic;
using UnityEngine;
namespace MySolarSystem
{
    public class Revolution : MonoBehaviour
    {
        public Transform SunPos;      //太阳的位置
        public float speed;           //公转速度
        public Transform hud;         //行星的 HUD
        public Transform cam;         //MainCamera
        private void Update()
```

```
        {
            transform.RotateAround(SunPos.position,   //太阳的位置
                                Vector3.up,           //环绕平面的法线向量
                                -speed * Time.deltaTime);   //每秒速度
            hud.forward = cam.forward;   //行星 HUD 的法向量与 MainCamera 的法向量平行
        }
    }
}
```

02 回到 Unity 编辑器，选中"识别图-太阳系"对象的子对象 Mercury，在"检查器"窗口中找到"Revolution（脚本）"组件，将 Canvas-Mercury 对象拖动到"Hud"插槽中，同时将 Main Camera 对象拖动到"Cam"插槽中，设置完成后的"Revolution（脚本）"组件如图 5.52 所示。

03 运行程序进行测试。显示结果如图 5.53 所示。

图 5.52　设置完成后的"Revolution（脚本）"组件

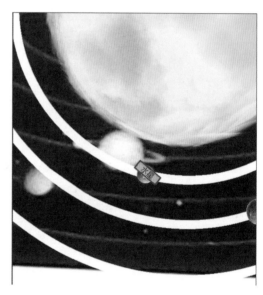

图 5.53　显示结果

说明

如果感觉水星环绕太阳旋转的速度过快，可以修改"Revolution（脚本）"组件中的"速度"参数。

水星的 HUD 制作完成后，我们就可以在水星 HUD 的基础上制作其他行星的 HUD 了。现在以金星为例，学习如何快速制作金星的 HUD，请按照下面的步骤执行操作。

01 在"层级"窗口中选中 Canvas-Mercury 对象，按下组合键 Ctrl+D 复制一个副本对象，并将其重名为"Canvas-Venus"，然后将其拖动到 Venus 对象下成为 Venus 的子对象，如图 5.54 所示。

02 选中 Canvas-Mercury 对象，在"检查器"窗口中单击 "Rect Transform"组件右侧的三个竖点按钮，在弹出的列表中选择"复制"→"组件"选项，如图 5.55 所示。

图 5.54　Canvas-Venus 对象

图 5.55　选择"复制"→"组件"选项

03 选中 Canvas-Venus 对象，在"检查器"窗口中，单击"Rect Transform"组件右侧的三个竖点按钮，在弹出的列表中选择"粘贴"→"组件值"选项，如图 5.56 所示。

04 选中 Canvas-Venus 对象的子对象 Text-Mercury，在"检查器"窗口中的"Text"组件中，将"文本"参数修改为"金星"，如图 5.57 所示。

图 5.56　选择"粘贴"→"组件值"选项

图 5.57　将"文本"参数修改为"金星"

操作完成后，"场景"窗口中的显示结果如图 5.58 所示。

图 5.58　"场景"窗口中的显示结果（6）

05 选中 Venus 对象，在"检查器"窗口中找到"Revolution（脚本）"组件，将"Hud"和"Cam"参数分别指定为"Canvas-Venus"和"MainCamera"，如图 5.59 所示。

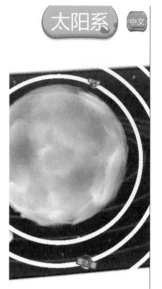

图 5.59 设置"Hud"和"Cam"参数

06 运行程序进行测试。观看运行的效果，如图 5.60 所示。

接下来，就可以按照制作金星 HUD 的方法，制作其他行星的 HUD。操作完成后，"场景"窗口中的显示结果如图 5.61 所示。

运行程序测试，"游戏"窗口中的显示结果如图 5.62 所示。

图 5.60 运行的效果

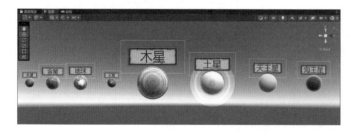

图 5.61 "场景"窗口中的显示结果（7）

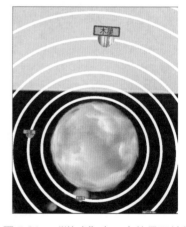

图 5.62 "游戏"窗口中的显示结果

接下来，我们来实现在点击中英文切换按钮时，HUD 显示的内容切换为英文的功能，请按照下面的步骤执行操作。

01 打开 Revolution.cs 文件，新增加的代码使用粗体+斜体显示，最终的内容如下：

```
using System.Collections;
using System.Collections.Generic;
using UnityEngine;
using UnityEngine.UI;
namespace MySolarSystem
```

```
{
    public class Revolution : MonoBehaviour
    {
        public Transform SunPos;      //太阳的位置
        public float speed;           //公转速度
        public Transform hud;         //行星的 HUD
        public Transform cam;         //MainCamera
        public string[] hudName;      //HUD 上的行星名字，[0]中文，[1]英文
        public Text hudText;          //HUD 中的文本框对象
        private void Update()
        {
            transform.RotateAround(SunPos.position,      //太阳的位置
                                   Vector3.up,           //环绕平面的法线向量
                                   -speed * Time.deltaTime);//每秒速度
            hud.forward = cam.forward; //行星 HUD 的法向量与 MainCamera 的法向量平行
            hudText.text = hudName[Planet.language];    //HUD 文本显示
        }
    }
}
```

02 在"层级"窗口中选中"识别图-太阳系"对象的子对象 Mercury，在"检查器"窗口中找到"Revolution（脚本）"组件，然后将组件中"Hud Name"参数修改为"2"。在"元素 0"文本框输入"水星"，在"元素 1"文本框中输入"Mercury"。再将"Text-Mercury"对象拖动到"Hud Text"插槽中，设置完成后的"Revolution（脚本）"组件如图 5.63 所示。

03 运行程序进行测试。单击中英文切换按钮切换到英文模式，可以看到水星的 HUD 显示为 Mercury，如图 5.64 所示。

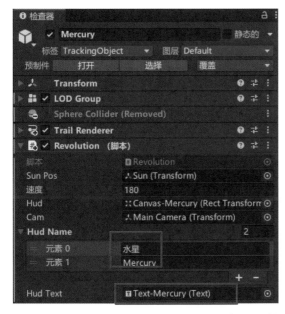

图 5.63　设置完成后的"Revolution（脚本）"组件

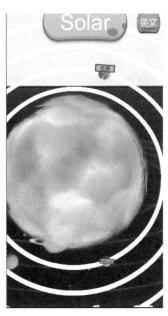

图 5.64　水星的 HUD 显示为 Mercury

04 按照水星的操作方式，完成其他行星的操作。

5.2 语音和字幕 UI 设计

本节我们来为 AR 太阳系添加背景语音解说和解说字幕。

5.2.1 UI 设计方案

为 AR 太阳系添加背景语音解说和解说字幕的 UI 设计方案如图 5.65 所示。

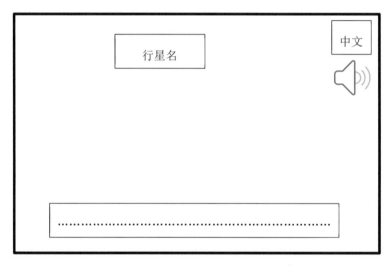

图 5.65 UI 设计方案

说明

　　当摄像头扫描识别图并显示出 AR 模型的时候，屏幕的右上角同时会出现一个喇叭图标。单击喇叭图标，系统会播放与当前显示的内容相对应的语音，并在屏幕的下方显示与语音对应的文字内容。当我们单击中英文切换按钮切换到英文模式的时候，系统会播放与当前显示的内容相对应的英文语音，并在屏幕的下方显示与语音对应的文字内容。

　　UI 设计完毕之后，我们先在场景中把设计好的 UI 元素搭建起来。

5.2.2 制作语音 UI

01 在"层级"窗口中选中 Canvas 对象并右击，在弹出来的快捷菜单中选择"UI"→"旧版"→"按钮"命令，Unity 会为我们创建一个默认名为 Button(Legacy)的对象，将其重命名为"语音播放"，然后修改其"Rect Transform"组件中的参数，参考值如图 5.66 所示。

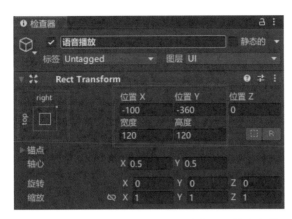

图 5.66　"Rect Transform"组件中参数的参考值

02 选中 Canvas 对象的子对象 Text(Legacy)，将其删除。此时，"场景"窗口中的显示结果如图 5.67 所示。

图 5.67　"场景"窗口中的显示结果

03 我们需要一个喇叭图标放在图 5.67 的白色方块位置。同样，喇叭图标可以从 Unity 官方的资源商城中获取，官方的资源商城中有非常多的图标资源，作者在这里使用的是 371 Simple Button Pack 资源包，如图 5.68 所示。

图 5.68　371 Simple Buttons Pack 资源包

> **说明**
>
> 该资源包可以在随书资源"AR 教材配套资源\资源\"文件夹中找到。

04 将该资源包导入项目，然后在"层级"窗口中选中 Canvas 对象的子对象"语音播放"，在"检查器"窗口中找到"Image"组件，将"源图像"参数修改为"ButtonsStyle6 03"，显示结果如图 5.69 所示。

图 5.69　显示结果

5.2.3　制作字幕 UI

接下来我们来实现显示字幕的文本框。在通常情况下，字幕在屏幕的最下方，请按照下面的步骤执行操作。

01 在"层级"窗口中选中 Canvas 对象并右击，在弹出的快捷菜单中选择"UI"→"旧版"→"按钮"命令，Unity 会为我们创建出一个默认名为 Button(Lergacy)的对象。

02 将该对象重命名为"字幕框"，然后将其子对象 Text(Lergacy)重命名为"字幕文本"，如图 5.70 所示。

03 选中字幕框对象，在"检查器"窗口中修改"Rect Transform"组件中的相关参数，参考值如图 5.71 所示。

图 5.70　创建"字幕框"和"字幕文本"对象

图 5.71　字幕框对象"Rect Transform"组件中参数的参考值

04 找到"Image"组件，修改"源图像"参数，选择一个图标作为字幕的背景底图，作者选取了"UI board Small Stone"图标作为背景底图，如图 5.72 所示。

05 选择"移除组件"选项将"Button"组件移除，如图 5.73 所示。

06 选中"字幕文本"对象，在"检查器"窗口中修改"Rect Transform"组件中的相关参数，参考值如图 5.74 所示。

图 5.72　UI board small stone 背景底图

图 5.73　选择"移除组件"选项

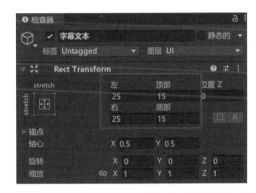

图 5.74　"Rect Transform"组件中参数的参考值

07 找到"Text"组件，将"字体大小"参数修改为"60"，将"颜色"参数修改为白色，修改结果如图 5.75 所示。

图 5.75　"Text"组件中参数的修改结果

完成上述操作后,"字幕框"对象在"场景"窗口中最终的显示结果如图 5.76 所示。

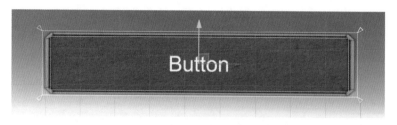

图 5.76   "字幕框"对象在"场景"窗口中最终显示的结果

说明

"字幕文本"对象的"Text"组件中"文本"参数默认的内容是"Button",该内容将在后面的代码中被需要显示的内容替换,这里可以保持该文本内容不变,或者将其删除,即不显示任何内容。

5.3   中文语音和字幕的实现

本节我们来实现每一颗行星和太阳系解说语音的播放功能以及与语音内容相匹配的字幕文本的显示功能。

5.3.1   中文——水星

本节我们先来实现水星解说语音的播放功能以及相应字幕文本的显示功能。有关水星的科普知识的内容很多,我们选取的内容如下:

水星是最靠近太阳的行星

也是八大行星中最小的行星

在北半球,只能在凌晨或黄昏时看见水星

中国古代称其为辰星

具体的功能描述如下。

当摄像头成功扫描并识别出水星识别图后,屏幕上显示语音播放按钮。按下语音播放按钮后,应用将播放水星的科普知识的语音音频,同时屏幕下方会出现字幕框,字幕框中显示与语音内容相对应的文字。语音播放完毕,字幕框将隐藏。在播放的过程中,如果水星识别图被移走,则停止播放音频,同时隐藏语音播放按钮和字幕框。此外,如果在播放的过程中再次按下语音播放按钮,将不会响应。

为了实现上面描述的功能,请按照下面的步骤执行操作。

01 使用格式工厂将这几句话转换为语音文件。已经转换好的语音音频文件保存在"AR 教材配套资源\音频\"文件夹中,可以直接拖动到"项目"窗口中。

02 在 Unity 编辑器的"项目"窗口中,进入"Assets\Audios\中文语音\"文件夹并右击,在弹出的快捷菜单中选择"创建"→"文件夹"命令，将新创建的文件夹重命名为"水星"，然后将水星的科普语音音频文件拖入该文件夹中，如图 5.77 所示。

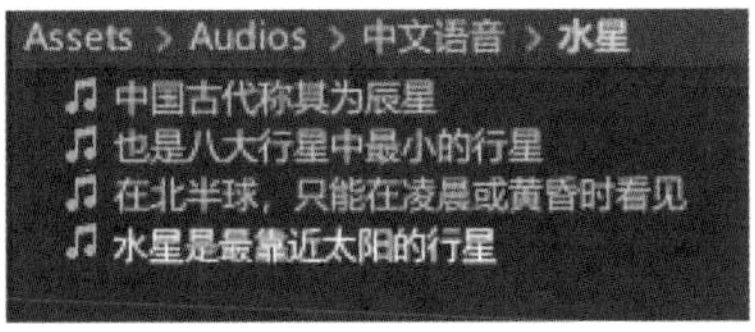

图 5.77　"水星"文件夹中的科普语音音频文件

03 在 Scripts 文件夹中创建一个新的 C#脚本文件，并将其重命名为"VoiceWords.cs"，然后编写以下内容：

```csharp
using System.Collections;
using System.Collections.Generic;
using UnityEngine;
using UnityEngine.UI;
namespace MySolarSystem
{
    public class VoiceWords : MonoBehaviour
    {
        public AudioSource audioSource;    //声音源组件
        public Text subtitle;              //字幕文本
        public AudioClip[] clips;          //科普语音文本
        public string[] words;             //科普字幕文字
        public int id;                     //语音顺序的 id
        public GameObject playButton;      //语音文本按钮
        public GameObject textFrame;       //"字幕框"对象
        public bool isSpeaking;            //是否正在播放语音

        private void OnEnable()
        {
            audioSource = GetComponent<AudioSource>();  //获取与本组件所属同一对象的"Audio Source"组件
            playButton.SetActive(true);
        }
        private void OnDisable()        //【方法】对象变成非激活状态时调用一次
        {
            id = 0;                     //语音顺序的 id 归零
            audioSource.Stop();         //停止播放语音
            playButton.SetActive(false);        //隐藏语音播放按钮
            textFrame.SetActive(false);         //隐藏字幕框
            isSpeaking = false;                 //告诉系统语音停止播放
        }
        public void SpeekState(bool state)
```

```
    {
        isSpeeking = state;
    }
    public void PlayVoiceAndWords()  //该方法在按下语音播放按钮时调用
    {
        if (isSpeeking)                //如果科普语音正在播放
        {
            return;                //返回
        }
        else
        {
            isSpeeking = true;      //告诉系统语音正在播放
            DoVoiceAndWords();      //处理语音和字幕
        }


    }
    public void DoVoiceAndWords()
    {
        if (id < words.Length)     //如果id<"Clips"参数的长度
        {
            textFrame.SetActive(true);          //显示字幕框
            audioSource.clip = clips[id];        //将"Clips"参数中第id的音频设
为播放器要播放的音频
            audioSource.Play();                 //播放音频
            subtitle.text = words[id];          //将"Words"栏目中第id的文本设
为字幕显示的文本

            Invoke("DoVoiceAndWords", clips[id].length + 0.2f);     //等待当
前语音音频时间+0.2秒后，再次调用PlayVoiceAndWords()方法
            id++;                         //id值+1
        }
        else
        {
            id = 0;                        //id值设为0
            isSpeeking = false;            //告诉系统没有播放科普语音
            textFrame.SetActive(false);    //隐藏字幕框
        }
    }
}
```

04 回到 Unity 编辑器中，在"层级"窗口中选中"识别图-水星"对象的子对象 Mercury，将 VoiceWords.cs 文件拖动到"检查器"窗口中，为 Mercury 对象添加"Voice Words（脚本）"

组件，如图 5.78 所示。

图 5.78　为 Mercury 对象添加"Voice Words（脚本）"组件

05 将"字幕框"对象的子对象"字幕文本"拖动到"Voice Words（脚本）"组件中"Subtitle"插槽中，如图 5.79 所示。

图 5.79　将"字幕文本"对象拖动到"Subtitle"插槽中

> **说明**
>
> 　　由于我们在 VoiceWords.cs 脚本的 Start()方法中写的那一行代码能够帮我们实现获得 "Audio Source"组件的功能，所以我们不需要将"Audio Source"组件拖动到"音频源"插槽中。

06 将"层级"窗口中的"语音播放"对象拖动到"Play Button"插槽中,将"层级"窗口中的"字幕框"对象拖动到"Text Frame"插槽中,设置完成后,"Play Button"参数和"Text Frame"参数如图 5.80 所示。

07 将"Clips"参数修改为"4",并将水星的科普语音音频按照顺序拖动到"元素 0"至"元素 3"插槽中,设置完成后的"Clips"栏目如图 5.81 所示。

图 5.80　"Play Button"参数和"Text Frame"参数　　　图 5.81　设置完成后的"Clips"栏目

08 将"Words"参数修改为"4",并在"元素 0"至"元素 3"文本框中分别输入文本,设置完成后的"Words"栏目如图 5.82 所示。

图 5.82　设置完成后的"Words"栏目

09 在"层级"窗口中选中"语音播放"对象,在"检查器"窗口中找到"Button"组件,单击"鼠标单击()"列表框右下角的"+"按钮添加一个事件,事件的内容如图 5.83 所示。

图 5.83　鼠标单击事件的内容

10 运行程序进行测试。单击语音播放按钮，可以听见语音内容，并看见字幕中的文字，运行结果如图 5.84 所示。

图 5.84　运行结果

5.3.2　中文——金星

本节我们来实现金星解说语音的播放功能以及相应字幕文本的显示功能。有关金星的科普知识的内容很多，我们选取的内容如下：

金星是靠近太阳的第二颗行星

它的大小与地球相仿

金星在夜空中的亮度仅次于月亮

中国古代称其为太白

我们使用格式工厂将这几句文本转换为语音音频文件，转换好的音频保存在随书资源"AR 教材配套资源\音频\"文件夹中，供读者直接使用。接下来请按照下面的步骤执行操作。

01 在 Unity 编辑器的"项目"窗口中打开"Assets\Audios\中文语音\"文件夹并右击，在弹出的快捷菜单中选择"创建"→"文件夹"命令，新建一个文件夹并将其重命名为"金星"，然后将金星的解说语音音频文件拖动到该文件夹中，如图 5.85 所示。

02 在"层级"窗口中选中"识别图-水星"对象的子对象 Mercury，在"检查器"窗口中，单击"Voice Words（脚本）"组件右侧的三个竖点按钮，在弹出的列表中选择"复制组件"选项，如图 5.86 所示。

03 选中"识别图-金星"对象的子对象 Venus，在"检查器"窗口中，单击"Audio（脚本）"组件右侧的三个竖点按钮，在弹出的列表中选择"粘贴为新组件"选项，如图 5.87 所示。

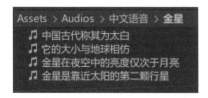

图 5.85　"金星"文件夹中的解说语音音频文件

图 5.86　选择"复制组件"选项

图 5.87　选择"粘贴为新组件"选项

04 将 Venus 对象"检查器"窗口中的"VoiceWords（脚本）"组件中的"Clips"栏目和"Words"栏目中的参数修改为金星的解说语音和字幕文本，其他参数保持不变，如图 5.88 所示。

05 运行程序进行测试，运行结果如图 5.89 所示。

图 5.88　金星"Clips"栏目和"words"栏目中的参数

图 5.89　运行结果

5.3.3　中文——地球

本节我们来实现地球解说语音的播放功能以及相应字幕文本的显示功能。有关地球的科普知识的内容很多，我们选取的内容如下：

地球是靠近太阳的第三颗行星

是人类和其他生命的家园

从太空中看，地球是一颗蓝色的星球

它有一颗卫星名为月亮

我们使用格式工厂将这几句文本转换为语音音频文件，转换好的音频保存在随书资源"AR 教材配套资源\音频\"文件夹中，供读者直接使用。接下来请按照下面的步骤执行操作。

01 在 Unity 编辑器的"项目"窗口中打开"Assets\Audios\中文语音\"文件夹并右击，在弹出的快捷菜单中选择"创建"→"文件夹"命令，新建一个文件夹并将其重命名为"地球"，然后将地球的解说语音音频文件拖动到该文件夹中，如图 5.90 所示。

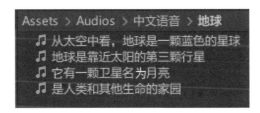

图 5.90　"地球"文件夹中的解说语音音频文件

02 与金星的操作相同，将"Voice Words（脚本）"组件作为新组件粘贴到"识别图-地球"对象的子对象 Earth 的"检查器"窗口中，并将"Clips"栏目和"Words"栏目中的参数修改为地球的解说语音和字幕文本，其他参数保持不变，如图 5.91 所示。

03 运行程序进行测试，运行结果如图 5.92 所示。

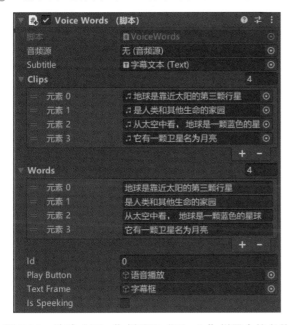

图 5.91　地球"Clips"栏目和"Words"栏目中的参数

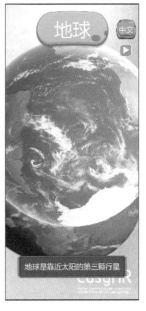

图 5.92　运行结果

5.3.4 中文——火星

本节我们来实现火星解说语音的播放功能以及相应字幕文本的显示功能。有关火星的科普知识的内容很多，我们选取的内容如下：

火星是靠近太阳的第四颗行星

是太阳系中第二小的行星

从太空中看，火星为红色

中国古代称其为荧惑

我们使用格式工厂将这几句文本转换为语音音频文件，转换好的音频保存在随书资源"AR教材配套资源\音频\"文件夹中，供读者直接使用。接下来请按照下面的步骤执行操作。

01 在 Unity 编辑器的"项目"窗口中打开"Assets\Audios\中文语音\"文件夹并右击，在弹出的快捷菜单中选择"创建"→"文件夹"命令，新建一个文件夹并将其重命名为"火星"，然后将火星的解说语音音频文件拖动到该文件夹中，如图 5.93 所示。

图 5.93 "火星"文件夹中的解说语音音频文件

02 与金星的操作相同，将"Voice Words（脚本）"组件作为新组件粘贴到"识别图-火星"对象的子对象 Mars 的"检查器"窗口中，并将"Clips"栏目和"Words"栏目中的参数修改为火星的解说语音和字幕文本，其他参数保持不变，如图 5.94 所示。

03 运行程序进行测试，运行结果如图 5.95 所示。

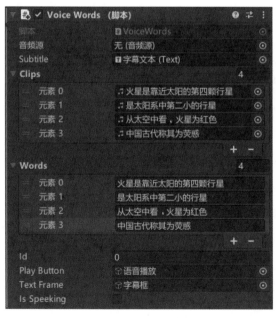

图 5.94 火星"Clips"栏目和"Words"栏目中的参数

图 5.95 运行结果

5.3.5　中文——木星

本节我们来实现木星解说语音的播放功能以及相应字幕文本的显示功能。有关木星的科普知识的内容很多，我们选取的内容如下：

木星是靠近太阳的第五颗行星

是太阳系中体积最大的行星

木星在天空中的亮度仅次于金星

中国古代称其为岁星

我们使用格式工厂将这几句文本转换为语音音频文件，转换好的音频保存在随书资源"AR教材配套资源\音频\"文件夹中，供读者直接使用。接下来请按照下面的步骤执行操作。

01 在 Unity 编辑器的"项目"窗口中打开"Assets\Audios\中文语音\"文件夹并右击，在弹出的快捷菜单中选择"创建"→"文件夹"命令，新建一个文件夹并将其重命名为"木星"，然后将木星的解说语音音频文件拖动到该文件夹中，如图 5.96 所示。

02 与金星的操作相同，将"Voice Words（脚本）"组件作为新组件粘贴到"识别图-木星"对象的子对象 Jupiter 的"检查器"窗口中，并将"Clips"栏目和"Words"栏目中的参数修改为木星的解说语音和字幕文本，其他参数保持不变，如图 5.97 所示。

图 5.96　"木星"文件夹中的解说语音音频文件

03 运行程序进行测试，运行结果如图 5.98 所示。

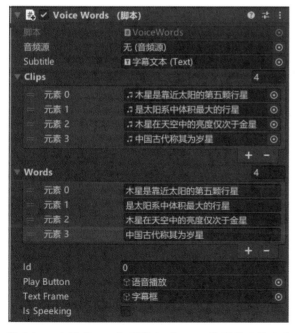

图 5.97　木星"Clips"栏目和"Words"栏目中的参数

图 5.98　运行结果

5.3.6 中文——土星

本节我们来实现土星解说语音的播放功能以及相应字幕文本的显示功能。有关土星的科普知识的内容很多，我们选取的内容如下：

土星是靠近太阳的第六颗行星

是太阳系中体积第二大的行星

土星在天空中的颜色为黄色

中国古代称其为镇星

我们使用格式工厂将这几句文本转换为语音音频文件，转换好的音频保存在随书资源"AR教材配套资源\音频\"文件夹中，供读者直接使用。接下来请按照下面的步骤执行操作。

01 在 Unity 编辑器的"项目"窗口中打开"Assets\Audios\中文语音\"文件夹并右击，在弹出的快捷菜单中选择"创建"→"文件夹"命令，新建一个文件夹并将其重命名为"土星"，然后将土星的解说语音音频文件拖动到该文件夹中，如图 5.99 所示。

02 与金星的操作相同，将"Voice Words（脚本）"组件作为新组件粘贴到"识别图-土星"对象的子对象 Saturn 的"检查器"窗口中，并将"Clips"栏目和"Words"栏目中的参数修改为土星的解说语音和字幕文本，其他参数保持不变，如图 5.100 所示。

图 5.99 "土星"文件夹中的解说语音音频文件

03 运行程序进行测试，运行结果如图 5.101 所示。

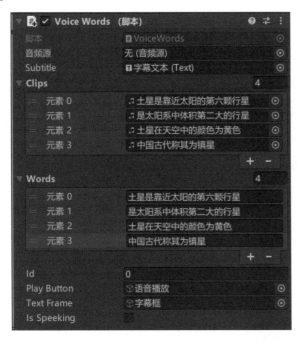

图 5.100 土星"Clips"栏目和"Words"栏目中的参数

图 5.101 运行结果

5.3.7　中文——天王星

本节我们来实现天王星解说语音的播放功能以及相应字幕文本的显示功能。有关天王星的科普知识的内容很多，我们选取的内容如下：

天王星是靠近太阳的第七颗行星

是太阳系中体积第三大的行星

它是人类使用望远镜发现的第一颗行星

中国古代观察者以为它是一颗恒星

我们使用格式工厂将这几句文本转换为语音音频文件，转换好的音频保存在随书资源"AR 教材配套资源\音频\"文件夹中，供读者直接使用。接下来请按照下面的步骤执行操作。

01 在 Unity 编辑器的"项目"窗口中打开"Assets\Audios\中文语音\"文件夹并右击，在弹出的快捷菜单中选择"创建"→"文件夹"命令，新建一个文件夹并将其重命名为"天王星"，然后将天王星的解说语音音频文件拖动到该文件夹中，如图 5.102 所示。

02 与金星的操作相同，将"Voice Words（脚本）"组件作为新组件粘贴到"识别图-天王星"对象的子对象 Uranus 的"检查器"窗口中，并将"Clips"栏目和"Words"栏目中的参数修改为天王星的解说语音和字幕文本，其他参数保持不变，如图 5.103 所示。

图 5.102　"天王星"文件夹中的解说语音音频文件

03 运行程序进行测试，运行结果如图 5.104 所示。

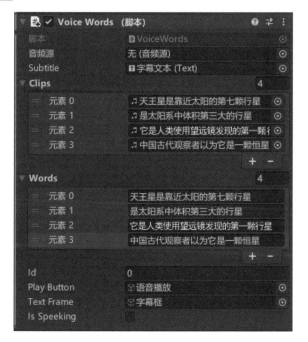

图 5.103　天王星"Clips"栏目和"Words"栏目中的参数

图 5.104　运行结果

5.3.8 中文——海王星

本节我们来实现海王星解说语音的播放功能以及相应字幕文本的显示功能。有关海王星的科普知识的内容很多，我们选取的内容如下：

> 海王星是靠近太阳的第八颗行星
> 是太阳系中体积第四大的行星
> 从望远镜中看，海王星呈蓝色
> 它是人类利用数学预测发现的行星

我们使用格式工厂将这几句文本转换为语音音频文件，转换好的音频保存在随书资源"AR 教材配套资源\音频\"文件夹中，供读者直接使用。接下来请按照下面的步骤执行操作。

01 在 Unity 编辑器的"项目"窗口中打开"Assets\Audios\中文语音\"文件夹并右击，在弹出的快捷菜单中选择"创建"→"文件夹"命令，新建一个文件夹并将其重命名为"海王星"，然后将海王星的解说语音音频文件拖动到该文件夹中，如图 5.105 所示。

02 与金星的操作相同，将"VoiceWords（脚本）"组件作为新组件粘贴到"识别图-海王星"对象的子对象 Neptune 的"检查器"窗口中，并将"Clips"栏目和"Words"栏目中的参数修改为海王星的解说语音和字幕文本，其他参数保持不变，如图 5.106 所示。

图 5.105　"海王星"文件夹中的解说语音音频文件

03 运行程序进行测试，运行结果如图 5.107 所示。

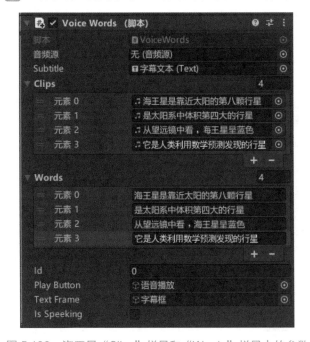

图 5.106　海王星"Clips"栏目和"Words"栏目中的参数

图 5.107　运行结果

5.3.9　中文——太阳

本节我们来实现太阳解说语音的播放功能以及相应字幕文本的显示功能。有关太阳的科普知识的内容很多，我们选取的内容如下：

太阳是太阳系的中心天体

占太阳系总质量的 99.86%

太阳是一颗黄矮星

它目前大约 45.7 亿岁

我们使用格式工厂将这几句文本转换为语音音频文件，转换好的音频保存在随书资源"AR 教材配套资源\音频\"文件夹中，供读者直接使用。接下来请按照下面的步骤执行操作。

01 在 Unity 编辑器的"项目"窗口中打开"Assets\Audios\中文语音\"文件夹并右击，在弹出的快捷菜单中选择"创建"→"文件夹"命令，新建一个文件夹并将其重命名为"太阳"，然后将太阳系的解说语音音频文件拖动到该文件夹中，如图 5.108 所示。

图 5.108　"太阳"文件夹中的解说语音音频文件

02 与金星的操作相同，将"Voice Words（脚本）"组件作为新组件粘贴到"识别图-太阳"对象的子对象 Sun 的"检查器"窗口中，并将"Clips"栏目和"Words"栏目中的参数修改为太阳的解说语音和字幕文本，其他参数保持不变，如图 5.109 所示。

03 运行程序进行测试，运行结果如图 5.110 所示。

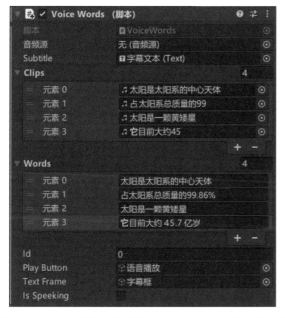

图 5.109　太阳"Clips"栏目和"Words"栏目中的参数

图 5.110　运行结果

5.3.10 中文——太阳系

本节我们来实现太阳系解说语音的播放功能以及相应字幕文本的显示功能。有关太阳系的科普知识的内容很多，我们选取的内容如下：

太阳系是一个以太阳为中心

受太阳引力约束在一起的天体系统

它包括太阳、八大行星、许多卫星和小行星

以及一些矮行星和彗星

我们使用格式工厂将这几句文本转换为语音音频文件，转换好的音频保存在随书资源"AR教材配套资源\音频\"文件夹中，供读者直接使用。接下来请按照下面的步骤执行操作。

01 在 Unity 编辑器的"项目"窗口中打开"Assets\Audios\中文语音\"文件夹并右击，在弹出的快捷菜单中选择"创建"→"文件夹"命令，新建一个文件夹并将其重命名为"太阳系"，然后将太阳系的解说语音音频文件拖动到该文件夹中，如图 5.111 所示。

02 与金星的操作相同，将"Voice Words（脚本）"组件作为新组件粘贴到"识别图-太阳系"对象的子对象 Sun 的"检查器"窗口中，并将"Clips"栏目和"Words"栏目中的参数修改为太阳系的解说语音和字幕文本，其他参数保持不变，如图 5.112 所示。

图 5.111 "太阳系"文件夹中的解说语音音频文件

03 运行程序进行测试，运行结果如图 5.113 所示。

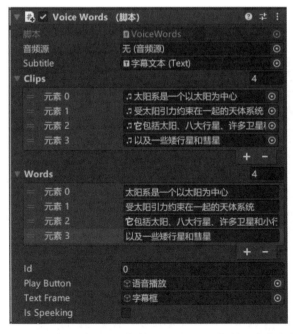

图 5.112 太阳系"Clips"栏目和"Words"栏目中的参数

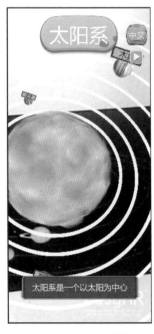

图 5.113 运行结果

5.4　英文语音和字幕的实现

从本节开始，我们来实现当点击中英文切换按钮后，将科普语音和字幕切换到英文模式的功能。

5.4.1　英文——水星

本节我们先来实现水星英文解说语音的播放，以及相应英文字幕文本的显示功能。

根据水星的中文内容，对应的英文文本内容如下：

Mercury is the closest planet to the sun

It is also the smallest of the eight planets

In the northern hemisphere, mercury can only be seen in the early morning or dusk

In ancient China, it was called Chenxing

具体的功能描述如下。

当摄像头成功扫描并识别出水星识别图后，屏幕上显示语音播放按钮。如果点击中英文切换按钮，再点击语音播放按钮，则播放英文语音，同时字幕框中显示英文科普文本。此外，如果在播放中文科普语音时，按下中英文切换按钮，则停止中文语音的播放，并开始播放英文语音。

我们先使用格式工厂将这几句英文转换为语音文件。已经转换好的语音音频文件保存在随书资源"AR 教材配套资源\音频\"文件夹中，可以直接拖动到"项目"窗口中。接下来请按照下面的步骤执行操作。

01 在 Unity 编辑器的"项目"窗口中，打开"Assets\Audios\英文语音\"文件夹并右击，在弹出的快捷菜单中选择"创建"→"文件夹"命令，将新创建的文件夹重命名为"Mercury"，然后将水星的英文语音音频文件拖动到该文件夹中，如图 5.114 所示。

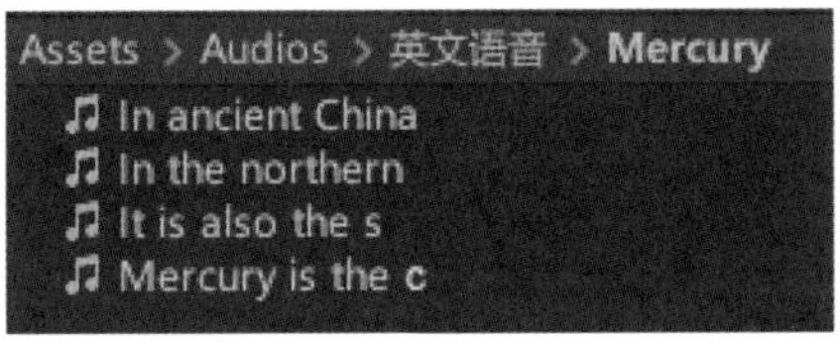

图 5.114　Mercury 文件夹中的英文语音音频文件

02 打开 VoiceWords.cs 脚本文件，编写新的代码，新添加的代码和有改动的代码使用粗体+斜体显示，最终的内容如下：

```
using System.Collections;
using System.Collections.Generic;
using UnityEngine;
using UnityEngine.UI;
namespace MySolarSystem
{
    public class VoiceWords : MonoBehaviour
```

```csharp
{
    public AudioSource audioSource;        //声音源组件
    public Text subtitle;                  //字幕文本
    public AudioClip[] clips;              //科普语音文本
    public string[] words;                 //科普字幕文字
    public int id;                         //语音顺序的 id
    public GameObject playButton;          //语音文本按钮
    public GameObject textFrame;           //"字幕框"对象
    public bool isSpeaking;                //是否正在播放语音
    public AudioClip[] clips_En;           //英文科普语音文本
    public string[] words_En;              //英文科普字幕文本

    private void OnEnable()
    {
        audioSource = GetComponent<AudioSource>();   //获取与本组件所属同一对象
的"AudioSource"组件
        playButton.SetActive(true);
    }
    private void OnDisable()               //【方法】对象变成非激活状态时调用一次
    {
        id = 0;                            //语音顺序的 id 归零
        audioSource.Stop();                //停止播放语音
        playButton.SetActive(false);       //隐藏语音播放按钮
        textFrame.SetActive(false);        //隐藏字幕框
        isSpeaking = false;                //告诉系统语音停止播放
    }
    public void SpeekState(bool state)
    {
        isSpeaking = state;
    }
    public void PlayVoiceAndWords()        //该方法在按下语音播放按钮时调用
    {
        if (isSpeaking)                    //如果科普语音正在播放
        {
            return;                        //返回
        }
        else
        {
            isSpeaking = true;             //告诉系统语音正在播放
            DoVoiceAndWords();             //处理语音和字幕
        }

    }
```

```
public void DoVoiceAndWords()
{
    if (!isSpeeking)
    {
        return;
    }
    if(Planet.language == 0)        //如果是中文模式
    {
        if (id < words.Length)      //如果 id< "Clips" 参数的长度
        {
            textFrame.SetActive(true);        //显示字幕框
            audioSource.clip = clips[id];     //将 "Clips" 栏目中第 id 的音
频设为播放器要播放的音频
            audioSource.Play();               //播放音频
            subtitle.text = words[id];        //将 "Word" 栏目中第 id 的文
本设为字幕显示的文本

            Invoke("DoVoiceAndWords", clips[id].length + 0.2f);    //
等待当前语音音频时间+0.2 秒后，再次调用 PlayVoiceAndWords()方法
            id++;              //id 值+1
        }
        else
        {
            id = 0;            //id 值设为 0
            isSpeeking = false;            //告诉系统没有播放科普语音
            textFrame.SetActive(false);    //隐藏字幕框
        }
    }
    else                   //如果是英文模式
    {
        if (id < words.Length)//如果 id< "Clips_En" 参数的长度
        {
            textFrame.SetActive(true);        //显示字幕框
            audioSource.clip = clips_En[id];  //将 "Clips_En" 栏目中第 id
的音频设为播放器要播放的音频
            audioSource.Play();               //播放音频
            subtitle.text = words_En[id];     //将 "Words_En" 栏目中第 id
的文本设为字幕显示的文本

            Invoke("DoVoiceAndWords", clips_En[id].length + 0.2f);    //
等待当前语音音频时间+0.2 秒后，再次调用 PlayVoiceAndWords()方法
            id++;                  //id 值+1
```

```
            }
            else
            {
               id = 0;                          //id 值设为 0
               isSpeeking = false;              //告诉系统没有播放科普语音
               textFrame.SetActive(false);      //隐藏字幕框
            }
         }

      }
   }
}
```

03 在"层级"窗口中选中"识别图-水星"对象的子对象 Mercury,在"检查器"窗口中找到 "Voice Words(脚本)"组件,该组件新增加了"Clips_En"和"Words_En"两个栏目,如 图 5.115 所示。

04 将"Clips_En"参数和"Words_En"参数都修改为"4",并填入相应的内容,设置完成后的 "Clips_En"栏目和"Words_En"栏目如图 5.116 所示。

图 5.115 新增的"Clips_En"栏目和 "Words_En"栏目

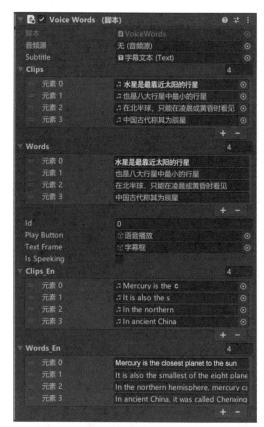

图 5.116 设置完成后的"Clips_En"栏目和 "Words_En"栏目

05 运行程序进行测试。将 Mercury.png 图像放置在摄像头前，进行英文语音和字幕的测试，运行结果如图 5.117 所示。

图 5.117　运行结果

5.4.2　英文——金星

本节我们来实现金星英文解说语音的播放功能以及相应英文字幕文本的显示功能。

根据金星的中文内容，对应的英文文本内容如下：

Venus is the second planet near the sun

It is about the size of the earth

Venus is second only to the moon in brightness in the night sky

It was called Taibai in ancient China

我们使用格式工厂将这几句文本转换为语音音频文件，转换好的音频保存在随书资源"AR 教材配套资源\音频\"文件夹中，供读者直接使用。接下来请按照下面的步骤执行操作。

01 在 Unity 编辑器的"项目"窗口中，打开"Assets\Audios\英文语音\"文件夹并右击，在弹出的快捷菜单中选择"创建"→"文件夹"命令，将新创建的文件夹重命名为"Venus"，然后将金星的英文语音音频文件拖动到该文件夹中，如图 5.118 所示。

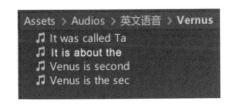

图 5.118　Venus 文件夹中的英文语音音频文件

02 将"Clips_En"参数和"Words_En"参数都修改为"4",并填入相应的内容,设置完成后"Clips_En"栏目和"Words_En"栏目如图 5.119 所示。

03 运行程序进行测试。将 Venus.png 图像放置在摄像头前,进行英文语音和字幕的测试,结果如图 5.120 所示。

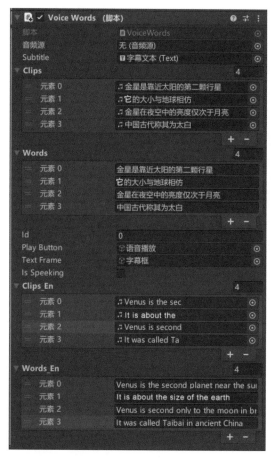

图 5.119　设置完成后"Clips_En"栏目和"Words_En"栏目　　　图 5.120　运行结果

5.4.3　英文——地球

本节我们来实现地球英文解说语音的播放功能以及相应英文字幕文本的显示功能。

根据地球的中文内容,对应的英文文本内容如下:

The earth is the third planet near the sun

It is the home of mankind and other life

From space, the earth is a blue planet

It has a satellite called the moon

我们使用格式工厂将这几句文本转换为语音音频文件,转换好的音频保存在随书资源"AR教材配套资源\音频\"文件夹中,供读者直接使用。接下来请按照下面的步骤执行操作。

01 在 Unity 编辑器的"项目"窗口中，打开"Assets\Audios\英文语音\"文件夹并右击，在弹出的快捷菜单中选择"创建"→"文件夹"命令，将新创建的文件夹重命名为"Earth"，然后将地球的英文语音音频文件拖动到该文件夹中，如图 5.121 所示。

02 将"Clips_En"参数和"Words_En"参数都修改为"4"，并填入相应的内容，设置完成后"Clips_En"栏目和"Words_En"栏目如图 5.122 所示。

图 5.121　Earth 文件夹中的英文语音音频文件

03 运行程序进行测试。将 Earth.png 图像放置在摄像头前，进行英文语音和字幕的测试，运行结果如图 5.123 所示。

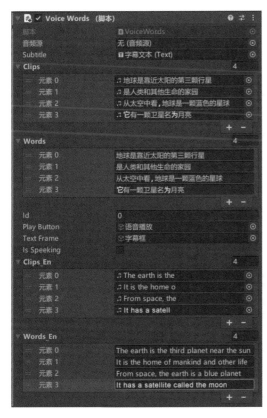

图 5.122　设置完成后"Clips_En"栏目和"Words_En"栏目

图 5.123　运行结果

5.4.4　英文——火星

本节我们来实现火星英文解说语音的播放功能以及相应英文字幕文本的显示功能。

根据火星的中文内容，对应的英文文本内容如下：

Mars is the fourth planet near the sun

It is the second smallest planet in the solar system

Mars is red from space

In ancient China, it was called Yinghun

我们使用格式工厂来将这几句文本转换为语音音频文件，转换好的音频保存在随书资源
"AR 教材配套资源\音频\" 文件夹中，供读者直接使用。接下来请按照下面的步骤执行操作。

01 在 Unity 编辑器的"项目"窗口中，打开"Assets\Audios\英文语音\"文件夹并右击，在弹出的快捷菜单中选择"创建"→"文件夹"命令，将新创建的文件夹重命名为"Mars"，然后将火星的英文语音音频文件拖动到该文件夹中，如图 5.124 所示。

02 将"Clips_En"参数和"Words_En"参数都修改为"4"，并填入相应的内容，设置完成后"Clips_En"栏目和"Words_En"栏目如图 5.125 所示。

03 运行程序进行测试。将 Mars.png 图像放置在摄像头前，进行英文语音和字幕的测试，运行结果如图 5.126。

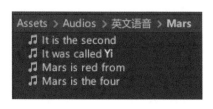

图 5.124　Mars 文件夹中的英文语音
音频文件

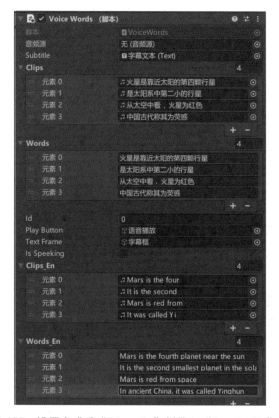

图 5.125　设置完成后"Clips_En"栏目和"Words_En"栏目

图 5.126　运行结果

5.4.5　英文——木星

本节我们来实现木星英文解说语音的播放功能以及相应英文字幕文本的显示功能。

根据木星的中文内容，对应的英文文本内容如下：

Jupiter is the fifth planet near the sun

It is the largest planet in the solar system

Jupiter's brightness in the sky is second only to Venus

In ancient China, it was called Suixing

我们使用格式工厂来将这几句文本转换为语音音频文件，转换好的音频保存在随书资源"AR 教材配套资源\音频\"文件夹中，供读者直接使用。接下来请按照下面的步骤执行操作。

01 在 Unity 编辑器的"项目"窗口中，打开"Assets\Audios\英文语音\"文件夹并右击，在弹出的快捷菜单中选择"创建"→"文件夹"命令，将新创建的文件夹重命名为"Jupiter"，然后将木星的英文语音音频文件拖动到该文件夹中，如图 5.127 所示。

02 将"Clips_En"参数和"Words_En"参数都修改为"4"，并填入相应的内容，设置完成后"Clips_En"栏目和"Words_En"栏目如图 5.128 所示。

03 运行程序进行测试。将 Jupiter.png 图片放置在摄像头前，进行英文语音和字幕的测试，结果如图 5.129 所示。

图 5.127　Jupiter 文件夹中的英文语音音频文件

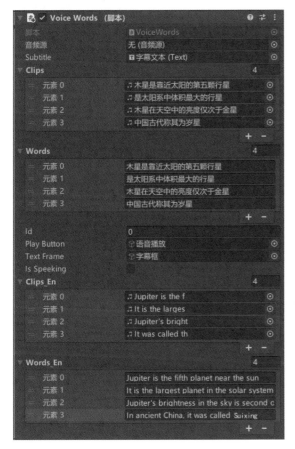

图 5.128　设置完成后"Clips_En"栏目和"Words_En"栏目

图 5.129　运行结果

5.4.6 英文——土星

本节我们来实现土星英文解说语音的播放功能以及相应英文字幕文本的显示功能。

根据土星的中文内容，对应的英文文本内容如下：

Saturn is the sixth planet near the sun

It is the second largest planet in the solar system

Saturn is yellow in the sky

It was called Zhenxing in ancient China

我们使用格式工厂来将这几句文本转换为语音音频文件，转换好的音频保存在随书资源"AR教材配套资源\音频\"文件夹中，供读者直接使用。接下来请按照下面的步骤执行操作。

01 在 Unity 编辑器的"项目"窗口中，打开"Assets\Audios\英文语音\"文件夹并右击，在弹出的快捷菜单中选择"创建"→"文件夹"命令，将新创建的文件夹重命名为"Saturn"，然后将土星的英文语音音频文件拖动到该文件夹中，如图 5.130 所示。

02 将"Clips_En"参数和"Words_En"参数都修改为"4"，并填入相应的内容，设置完成后"Clips_En"栏目和"Words_En"栏目如图 5.131 所示。

03 运行程序进行测试。将 Saturn.png 图像放置在摄像头前，进行英文语音和字幕的测试，运行结果如图 5.132 所示。

图 5.130　Saturn 文件夹中的英文语音音频文件

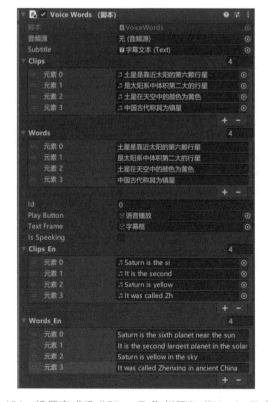

图 5.131　设置完成后"Clips_En"栏目和"Words_En"栏目

图 5.132　运行结果

5.4.7　英文——天王星

本节我们来实现天王星英文解说语音的播放功能以及相应英文字幕文本的显示功能。

根据天王星的中文内容，对应的英文文本内容如下：

Uranus is the seventh planet near the sun

It is the third largest planet in the solar system

It was the first planet discovered with a telescope

Ancient Chinese observers thought It was a star

　　然后我们使用格式工厂软件来将这几句文本转换为语音音频文件，转换好的音频保存在随书资源"AR 教材配套资源\音频\"文件夹中，供读者直接使用。接下来请按照下面的步骤执行操作。

01 在 Unity 编辑器的"项目"窗口中，打开"Assets\Audios\英文语音\"文件夹并右击，在弹出的快捷菜单中选择"创建"→"文件夹"命令，将新创建的文件夹重命名为"Uranus"，然后将天王星的英文语音音频文件拖动到该文件夹中，如图 5.133 所示。

02 将"Clips_En"参数和"Words_En"参数都修改为"4"，并填入相应的内容，设置完成后"Clips_En"栏目和"Words_En"栏目如图 5.134 所示。

03 运行程序进行测试。将 Uranus.png 图像放置在摄像头前，进行英文语音和字幕的测试，运行结果如图 5.135 所示。

图 5.133　Uranus 文件夹中的英文语音音频文件

图 5.134　设置完成后"Clips_En"栏目和"Words_En"栏目

图 5.135　运行结果

5.4.8 英文——海王星

本节我们来实现海王星英文解说语音的播放功能以及相应英文字幕文本的显示功能。

根据上一节中的海王星中文内容，对应的英文文本内容如下：

Neptune is the eighth planet near the sun

It is the fourth largest planet in the solar system

Neptune looks blue from the telescope

It is a planet discovered by mathematical prediction

我们使用格式工厂来将这几句文本转换为语音音频文件，转换好的音频保存在随书资源"AR教材配套资源\音频\"文件夹中，供读者直接使用。接下来请按照下面的步骤执行操作。

01 在 Unity 编辑器的"项目"窗口中，打开"Assets\Audios\英文语音\"文件夹并右击，在弹出的快捷菜单中选择"创建"→"文件夹"命令，将新创建的文件夹重命名为"Neptune"，然后将海王星的英文语音音频文件拖动到该文件夹中，如图 5.136 所示。

02 将"Clips_En"参数和"Words_En"参数都修改为"4"，并填入相应的内容，设置完成后"Clips_En"栏目和"Words_En"栏目如图 5.137 所示。

03 运行程序进行测试。将 Neptune.png 图像放置在摄像头前，进行英文语音和字幕的测试，运行结果如图 5.138 所示。

图 5.136 Neptune 文件夹中的英文语音音频文件

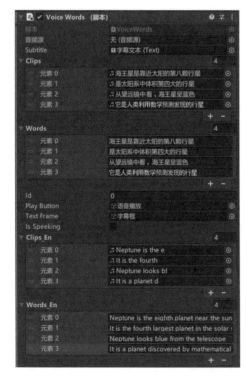

图 5.137 设置完成后"Clips_En"栏目和"Words_En"栏目

图 5.138 运行结果

5.4.9　英文——太阳

本节我们来实现太阳英文解说语音的播放功能以及相应英文字幕文本的显示功能。

根据上一节中的太阳中文内容，对应的英文文本内容如下：

The sun is the central object of the solar system

It accounts for 99.86% of the total mass of the solar system

The sun is a yellow dwarf

It is currently about 4.57 billion years old

我们使用格式工厂将这几句文本转换为语音音频文件，转换好的音频保存在随书资源"AR 教材配套资源\音频\"文件夹中，供读者直接使用。接下来请按照下面的步骤执行操作。

01 在 Unity 编辑器的"项目"窗口中，打开"Assets\Audios\英文语音\"文件夹并右击，在弹出的快捷菜单中选择"创建"→"文件夹"命令，将新创建的文件夹重命名为"Sun"，然后将太阳的英文语音音频文件拖动到该文件夹中，如图 5.139 所示。

02 将"Clips_En"参数和"Words_En"参数都修改为"4"，并填入相应的内容，设置完成后"Clips_En"栏目和"Words_En"栏目如图 5.140 所示。

图 5.139　Sun 文件夹中的英文语音音频文件

03 运行程序进行测试。将 Sun.jpg 图像放置在摄像头前，进行英文语音和字幕的测试，运行结果如图 5.141 所示。

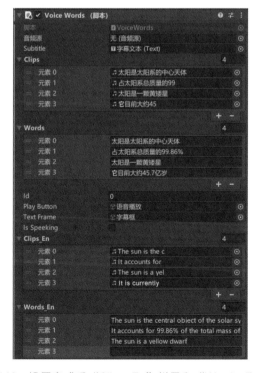

图 5.140　设置完成后"Clips_En"栏目和"Words_En"栏目

图 5.141　运行结果

5.4.10　英文——太阳系

本节我们来实现太阳系英文解说语音的播放功能以及相应英文字幕文本的显示功能。

根据太阳系的中文内容，对应的英文文本内容如下：

The solar system is centered on the sun

A celestial system bound together by the gravitational pull of the sun

It includes the sun, eight planets, many satellites and asteroids

And some dwarf planets and comets

我们使用格式工厂将这几句文本转换为语音音频文件，转换好的音频保存在随书资源"AR 教材配套资源\音频"文件夹中，供读者直接使用。接下来请按照下面的步骤执行操作。

01 在 Unity 编辑器的"项目"窗口中，打开"Assets\Audios\英文语音\"文件夹并右击，在弹出的快捷菜单中选择"创建"→"文件夹"命令，将新创建的文件夹重命名为"Solar"，然后将太阳系的英文语音音频文件拖动到该文件夹中，如图 5.142 所示。

02 将"Clips_En"参数和"Words_En"参数都修改为"4"，并填入相应的内容，设置完成后"Clips_En"栏目和"Words_En"栏目如图 5.143 所示。

03 运行程序进行测试。将 SolarSystem.jpg 图像放置在摄像头前，进行英文语音和字幕的测试，运行结果如图 5.144 所示。

图 5.142　Solar 文件夹中的英文语音音频文件

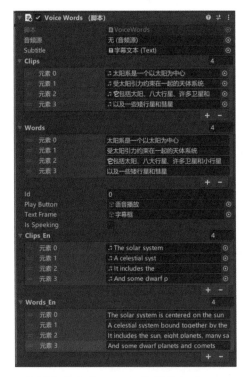

图 5.143　设置完成后"Clips_En"栏目和"Words_En"栏目

图 5.144　运行结果